EXPOSITION UNIVERSELLE DE PHILADÉLPHIE EN 1876.

COMMISSION CHARGÉE DE LA COLLECTION DES PRODUITS DE L'AGRICULTURE ET DE L'EXPORTATION FORESTIÈRE EN RUSSIE POUR L'EXPOSITION DE PHILADELPHIE.

# APERÇU STATISTIQUE DE L'AGRICULTURE, DE LA SYLVICULTURE ET DES PÊCHERIES EN RUSSIE



RÉDIGÉ

PAR

**J. WILSON,**

CHEF DE LA SECTION DE STATISTIQUE AU DÉPARTEMENT DE L'AGRICULTURE ET DE L'INDUSTRIE RURALE DU MINISTÈRE DES DOMAINES.

AVEC UNE CARTE DES CHEMINS DE FER EN RUSSIE.

ST-PÉTERSBOURG.

**1876.**

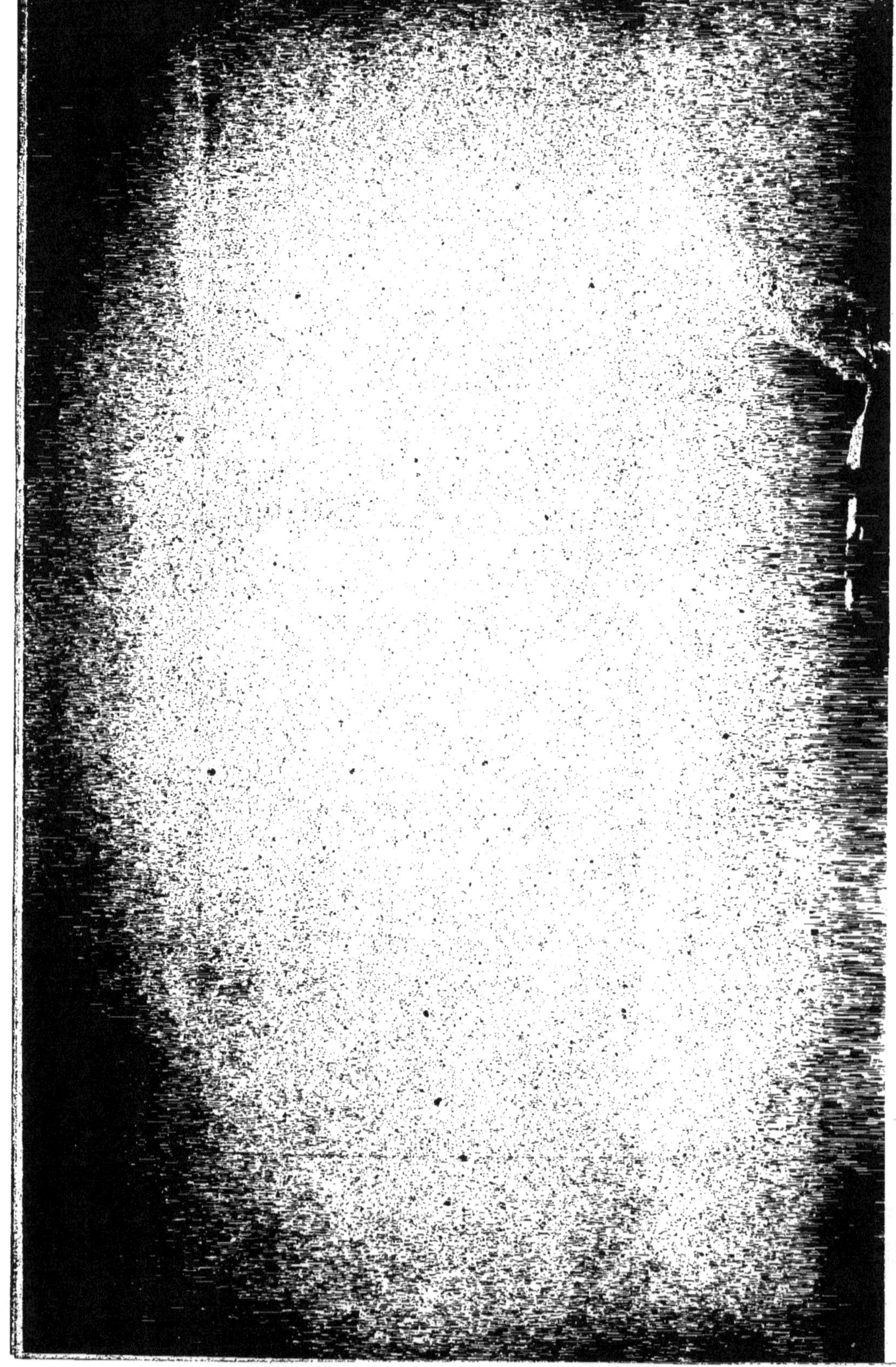

à la Bibliothèque Nationale
de France
hommage
de l'auteur.
Paris, le 24 août 1876.

# APERÇU STATISTIQUE
DE
# L'AGRICULTURE, DE LA SYLVICULTURE
ET
# DES PÊCHERIES EN RUSSIE.

EXPOSITION UNIVERSELLE DE PHILADELPHIE EN 1876.

COMMISSION CHARGÉE DE LA COLLECTION DES PRODUITS DE L'AGRICULTURE ET DE L'EXPORTATION FORESTIÈRE EN RUSSIE POUR L'EXPOSITION DE PHILADELPHIE.

# APERÇU STATISTIQUE

DE

# L'AGRICULTURE, DE LA SYLVICULTURE

ET

# DES PÊCHERIES EN RUSSIE

RÉDIGÉ

PAR

**J. WILSON,**

CHEF DE LA SECTION DE STATISTIQUE AU DÉPARTEMENT DE L'AGRICULTURE ET DE L'INDUSTRIE RURALE DU MINISTÈRE DES DOMAINES.



AVEC UNE CARTE DES CHEMINS DE FER EN RUSSIE.

ST-PÉTERSBOURG.

Imprimerie TRENKÉ & FUSNOT, Maximilianovsky péréoulok, 15.

**1876.**

Imprimé par ordre du Ministère des Domaines.

Parmi tous les pays de l'Europe, la Russie occupe une place exclusive par rapport à l'importance de la production et du commerce des denrées agricoles qu'elle livre au marché universel. Tandis que les Etats de l'occident européen produisent les grains dans une quantité insuffisante à la consommation locale, la production de la Russie en donne tous les ans un trop plein considérable qui trouve son débouché sur les marchés étrangers. Outre les céréales, ce sont encore les plantes textiles et les produits animaux et forestiers qui constituent les articles d'exportation les plus considérables. Par opposition aux Etats de l'Europe occidentale, où la densité de population et les conditions économiques posent pour base principale du développement ultérieur de la productivité l'industrie manufacturière, et où l'exploitation agricole par la voie d'une culture plus extensive n'est susceptible que d'un accroissement plus ou moins limité, — en Russie, les vastes étendues de terrains oisifs, une population clairsemée et la prédominance de la culture extensive, sont autant de garanties d'une productivité agricole capable de suffire pendant de longues années encore à la consommation locale même au delà de ses besoins, marcher de front avec le développement simultané d'autres branches de l'industrie et assurer à la Russie le rang qu'elle tient actuellement sur le marché universel.

C'est dans le but d'élucider ces thèses générales que cet aperçu présente les traits caractéristiques et les principaux moments de l'agriculture en Russie, se rattachant aux conditions générales physiques, économiques et techniques qui déterminent la situation actuelle, ainsi que le progrès ultérieur de la Russie dans cette voie.

L'étendue des matières qui forment le sujet de cet aperçu nous a obligé de nous borner à l'exposé sommaire des faits statistico-économiques; ceux des lecteurs qui voudront faire plus ample connaissance avec la situation des différentes branches de l'industrie rurale en Russie trouveront, annexée à chaque chapitre, une table des ouvrages et des publications les plus importantes qui ont servi de matériaux à ce travail.

# TABLE DES MATIÈRES.

# I.

## CLIMAT.

Rôle du climat dans l'agriculture de la Russie. — Différences du climat comparativement à celui de l'Europe occidentale. — Caractère continental du climat. — Influence de l'hiver. — Isochimènes. — Influence de la température d'été. — Isothermes. — Précipités atmosphériques. — Direction des vents. — Limites climatériques des différentes cultures (*).

---

Le climat, dans un pays quelconque, est un des plus puissants régulateurs de la production. En Russie, vu l'immense étendue de l'Empire, le climat joue un rôle très-important et détermine, de concert avec la position géographique, la configuration du sol et sa qualité, non-seulement le nombre et la nature des produits, mais encore toutes les conditions de la production et le genre de vie des populations, qui suivent forcément l'impulsion donnée par la nature elle-même.

Les conditions climatériques de la Russie sont très-variées. Elle a des régions dont la température moyenne pendant le mois d'été le plus chaud

(*) Les principaux ouvrages qui ont servi de matériaux à ce chapitre sont:

VESSELOVSKY : «Sur le climat de la Russie» («О климатѣ Россіи»).

VOYEIKOV : «Les températures moyennes dans la Russie d'Europe, en Sibérie et au Caucase» («Среднія температуры Европейской Россіи, Сибири и Кавказа»).

— La répartition des précipités aqueux en Russie («Распредѣленіе осадковъ въ Россіи») et d'autres écrits.

RIKATCHEFF : «Tables météorologiques» («Метеорологическія таблицы»).

— «La distribution de la pression atmosphérique dans la Russie d'Europe».

Texte explicatif de l'Atlas Economico-Statistique de la Russie d'Europe.

«Chronique rurale, composée d'observations, pouvant servir à l'étude du climat de la Russie en 1851». («Сельская лѣтопись, составленная изъ наблюденій, могущихъ служить къ опредѣленію климата Россіи, въ 1851.»)

ne monte pas au-dessus de + 3°(*); tandis que, dans d'autres parties, la température moyenne pendant le mois le plus froid de l'hiver ne descend jamais au-dessous de + 4 à 5°. Dans les régions froides de la Russie, la terre reste glacée pendant toute l'année, et ne dégèle en été que jusqu'à la profondeur de 3 pieds, comme, par exemple, à Mesen (gouvernement d'Arkhangel) et à Iakoutsk (dans la Sibérie orientale). Dans les parties encore plus septentrionales, la terre ne dégèle qu'à une profondeur encore moindre et reste couverte de neige pendant presque toute l'année.

Dans ces conditions, non-seulement la culture des céréales, mais le développement des arbres et des buissons même est impossible. Ces contrées n'ont pour toute végétation que des mousses qui couvrent les vastes *toundras* (**) de la région septentrionale de la Russie d'Europe, ainsi que celles de la Sibérie.

Ces régions offrent un frappant contraste avec les parties de la Russie qui jouissent de conditions climatériques particulièrement favorables. Telles sont la côte méridionale de la Crimée, la côte orientale de la mer Noire et quelques parties de la Transcaucasie. Le cours inférieur du Rion dans la Transcaucasie, sur la côte orientale de la mer Noire, arrose l'une des contrées les plus favorisées. Le gouvernement de Koutaïs (la Mingrélie, l'Imérétie et la Gourie anciennes), situé dans la vallée de ce fleuve, où le mois le plus froid de l'hiver a une température de + 4 à 5°, et où en été, sous les rayons ardents du soleil, tombent des pluies abondantes et presque tropicales, — est un pays doté d'une végétation si luxuriante qu'il serait presque impossible d'en trouver une pareille, ni en Italie, ni en Espagne.

C'est le règne splendide de l'été, vivant contraste avec l'hiver éternel qui domine dans le nord de la Russie.

Ce contraste frappant explique déjà, jusqu'à un certain point, la variété des conditions, dont l'influence se fait sentir sur la direction que prend la culture dans diverses parties de la Russie. Quelques contrées, comme la Transcaucasie, la côte méridionale de la Crimée et en partie les vallées du Dniestre et du Don inférieur, sont propices à la culture de la vigne; dans d'autres, telles que le Turkestan par exemple, on cultive le coton; il y a de vastes régions dans lesquelles, grâce aux conditions favorables du sol et du climat, croît, sans aucun engrais, le plus beau froment possible (et même, dans quelques localités, le maïs); telle est la plus grande partie

---

(*) Nous avons adopté partout, pour indiquer les degrés de la température, le thermomètre centigrade.

(**) Plaines marécageuses du Nord.

de la région qui possède un sol très-fertile, nommé tchernozème (terre noire); il y a des contrées qui, en raison de la sécheresse qui y règne pendant l'été, et de la courte durée des hivers, peu abondants en neige, sont habitées jusqu'à présent par des peuples nomades. Ces nomades vivent des produits de leur bétail, qu'on laisse, même en hiver, paître dans les steppes, où il sait se procurer sa nourriture en la cherchant sous une neige peu épaisse. Plus au Nord se trouve un pays cultivé, mais où les hivers sont plus longs et plus rigoureux, le sol moins fertile, où les produits de l'agriculture ne peuvent suffire aux besoins de la population, et où les habitants sont dans l'indispensable nécessité d'avoir recours en hiver à des branches subsidiaires d'industrie. Enfin, à l'extrémité du Nord, complètement inaccessible à la culture, la pêche et la chasse offrent aux habitants leurs seuls moyens d'existence; le renne et le chien sont les seuls animaux domestiques avec lesquels l'homme vive dans ce pays. Même dans la région agricole, qui comprend la plus grande moitié de la Russie d'Europe et une grande partie de la Russie d'Asie, les conditions du climat, du sol, et de la densité de la population, sont si diverses, que c'est d'elles que dépendent la variété des cultures, la plus ou moins grande quantité de ressources qu'on y trouve, le développement de l'industrie, et, par conséquent, la direction et la forme que prennent la vie et l'état économique de la population.

En général le trait caractéristique du climat en Russie, c'est qu'il est plus continental et, par conséquent, en général plus froid, surtout dans les parties septentrionales et centrales, comparativement au climat des autres pays de l'Europe, situés sous l'influence du gulfstream, qui leur apporte une température douce et diminue ainsi la différence des extrêmes de la température dans ces contrées.

Sous la latitude 52 — 53° la température moyenne de l'année, qui dans la Grande-Bretagne et en Hollande est de + 9,0° à 10°, baisse à Varsovie jusqu'à + 7,3°, à Orel jusqu'à + 4,3°, à Penza jusqu'à + 3,4°, à Orenbourg jusqu'à + 3°, à Barnaoul (dans la Sibérie occidentale) jusqu'à + 0,3°, à Irkoutsk jusqu'à — 0,5, à Nicolaïevsk sur l'Amour (au bord de l'Océan Pacifique) jusqu'à — 2,7°. Au Nord, sous la latitude 70°, la température moyenne de l'année est à Hammerfest (au nord de la Norvége) de + 1,8°, tandis qu'à Oustiansk (dans la Sibérie occidentale) elle est de — 16,2°.

Les confins méridionaux de la Russie sont ceux qui offrent le moins de différence comparativement au climat de l'Europe occidentale: sous la latitude 45° environ, en partant de Bordeaux et en passant par Milan, la Serbie, la Crimée méridionale jusqu'à Taschkent (au Turkestan) on rencontre partout, pour l'année, une température moyenne de + 11 à 13°. C'est pour cette raison que le midi de la Russie se trouve, seul, dans des conditions identiques à celles de l'Europe occidentale; quant aux contrées du centre et du Nord, elles sont plus froides que celles de l'Occident situées sous les mêmes latitudes. Plus on s'éloigne de l'Océan Atlantique, plus le climat devient âpre et dans la Sibérie c'est entre les fleuves Yénisseï et la Léna qu'il est particulièrement rigoureux. A mesure que l'on avance vers l'Océan Pacifique, le climat reprend son caractère maritime, quoiqu'il y soit cependant froid et défavorable.

Le trait principal du climat continental, qui embrasse la plus grande partie de la Russie, consiste dans la grande différence qui existe entre les températures moyennes de l'été et celles de l'hiver; en été le sol, réchauffé par le soleil, devient brûlant; en hiver, lorsque la terre est couverte de neige, l'air se refroidit excessivement. C'est pourquoi dans la plus grande partie de la Russie, à l'exception de l'extrémité méridionale, l'été est plus chaud et l'hiver beaucoup plus froid que dans l'ouest de l'Europe sous les mêmes latitudes.

Les chiffres suivants en donnent une idée très exacte:

| | Température moyenne. | |
|---|---|---|
| | de l'hiver. | de l'été. |
| **LATITUDE 70°.** | | |
| Hammerfest (au nord de la Norvége) | — 4,5 | 9,9 |
| Wardö (au nord de la Norvége) | — 5,5 | 8,2 |
| Oustiansk (dans la Sibérie occidentale) | — 37,7 | 8,2 |
| **LATITUDE 63°.** | | |
| Les îles Féroë | 4,0 | 12,1 |
| Aalezund (à l'est de la Norvége) | 1,9 | 12,0 |
| Béresoff | — 21,4 | 14,5 |
| Iakoutsk | — 38,8 | 14,3 |
| **LATITUDE 56°.** | | |
| Glasgow | 4,3 | 15,6 |
| Copenhague | — 0,4 | 16,5 |
| Memel | — 2,5 | 16,1 |
| Moscou | — 9,6 | 17,9 |
| La ferme-école de Kazan | — 11,9 | 18,2 |
| Krasnoïarsk (Sibérie) | — 16,2 | 17,3 |
| Ayan (sur la mer d'Okhotsk) | — 18,7 | 10,8 |
| **LATITUDE 52° — 53°.** | | |
| Dublin | 5,6 | 13,9 |
| Greenwich | 3,0 | 15,5 |

| | Température moyenne. de l'hiver. | de l'été |
|---|---|---|
| Amsterdam | 2,0 | 17,6 |
| Varsovie | — 3,6 | 18,1 |
| Orel | — 9 | 18,9 |
| Penza | — 11,1 | 18,8 |
| Orenbourg | — 13,5 | 19,8 |
| Barnaoul (Sibérie) | — 17,5 | 17,7 |
| Irkoutsk (Sibérie) | — 18,4 | 16,4 |
| Nicolaïevsk sur l'Amour | — 21,6 | 14,8 |
| Le port de Pétropavlovsk (sur les rives de l'Océan Pacifique) | — 6,5 | 13,0 |
| LATITUDE 45°. | | |
| Bordeaux | 6,1 | 19,9 |
| Milan | 2,1 | 22,5 |
| Belgrad | — 1,1 | 23,0 |
| Sévastopol | 2,2 | 21,5 |
| Novo-Pétrovsk | — 2,1 | 24,0 |
| Kasalinsk (près de la mer d'Aral) | — 10,3 | 23,9 |
| Le golfe Possiett (dans l'Océan Pacifique) | — 9,5 | 19,9 |

Les chiffres de ce tableau nous indiquent le fait suivant: à mesure que l'on s'éloigne de l'Océan Atlantique et que l'on avance vers l'est le climat devient de plus en plus continental, et la différence entre les températures moyennes de l'hiver et de l'été devient de plus en plus sensible. Tandis qu'à Dublin et aux îles Féroë, cette différence n'est que de 8°, à Varsovie elle est déjà de 25°, à Moscou de 27°, et dans la steppe des Kirghizes, entre les monts Oural et la mer Caspienne, de 35°; cette dernière contrée offre le climat le plus continental de toute la Russie d'Europe. De là, en allant vers l'ouest, ce caractère du climat change à mesure que l'on avance dans la direction des mers, et surtout vers la mer Noire et la mer Caspienne. Au bord de la première, où le climat est particulièrement doux, ce caractère change déjà sensiblement, et à Yalta (sur la côte méridionale de la Crimée) la différence entre la température moyenne de l'été et celle de l'hiver est de 19°. A Redout-Kalé, (sur le bord oriental de la mer Noire) elle est de 17°; à Bakou (au Caucase, sur les rives de la mer Caspienne) de 20°; mais à Odessa (sur la mer Noire) elle augmente déjà jusqu'à 23°; la différence 22 — 23° reste la même sur les bords de la Baltique, à Pétersbourg et à Riga; sur les bords de la mer Blanche elle est encore plus grande, et elle atteint à Arkhangel 27°. Le climat de la Sibérie est encore plus continental que celui de la Russie d'Europe; dans toute sa partie occidentale, jusqu'au méridien d'Irkoutsk environ, les températures moyennes de l'hiver et de l'été offrent presque la même différence de 35°, mais en avançant dans la Sibérie orientale elle augmente, à Nertchinsk jusqu'à 43°, à Oustiansk (sur le bord de l'Océan Glacial) elle est de 45°, et à Iakoutsk enfin elle atteint 53°. C'est le point le plus continental, dans toute l'étendue de la Russie; la température moyenne du mois le plus froid de l'hiver (janvier) est là de — 42°, et du mois le plus chaud de l'été (juillet) de + 16,7, ce qui fait une différence de 58,8°. C'est là que s'établit, pendant l'hiver, le pôle météorologique du vieux continent avec sa température basse, son calme polaire et le maximum de la pression atmosphérique. A l'approche de la saison chaude ce pôle se déplace peu à peu en suivant la direction de l'Océan Atlantique. A l'extrémité orientale de la Sibérie, qui subit l'influence de l'Océan Pacifique, cette différence diminue de nouveau; dans la province de l'Amour elle est de 38°, à Okhotsk de 33°, à Doué (sur l'île Sakhaline) de 28°, et à Ayan, situé sur le rivage de la mer d'Okhotsk, défendu du côté de la Sibérie par une haute chaîne de montagnes et exposé à l'influence de l'Océan Pacifique, elle n'est déjà que de 20°. Au Turkestan cette différence est de 25° environ.

Les hivers rigoureux et de longue durée, conséquence naturelle du climat continental, déterminent le trait distinctif du climat de la Russie. Ces hivers, qui n'ont pas leurs pareils dans les contrées continentales de l'Europe, ni aux Etats-Unis, exercent une puissante influence sur l'agriculture russe. Sans parler des régions boréales de la Russie, que le froid rend complètement inaptes à la culture, cette culture est aussi, même dans d'autres régions plus tempérées, entravée par la rigueur des longs hivers, qui ne permettent pas à maintes plantes d'hiver et aux plantes vivaces de prospérer dans certaines localités, et rendent difficile l'élève du bétail, dont l'entretien pendant cette saison exige des provisions de fourrages considérables. Sous tous ces rapports la plus grande partie de la Russie se trouve dans des conditions peu avantageuses comparativement avec l'Europe occidentale. Cette différence est si grande qu'à Dublin, sous la latitude 52 — 53°, les myrtes et les lauriers passent l'hiver en plein air, tandis qu'en Sibérie, sous la même latitude, la température moyenne de l'hiver est de — 18° à 21°, et le fleuve Amour, près de Nicolaïevsk, reste glacé pendant près de 7 mois. La différence au mois de janvier entre la température des îles Féroë et celle de Iakoutsk (latitude 63°) atteint presque 45°. C'est seulement dans les parties les plus méridionales de la Russie, telles que la côte sud de la Crimée et quelques parties de la Transcaucasie, où les gelées sont rares, que nous trouvons une différence moins sensible entre la température de l'hiver à l'occident de l'Europe et celle de la Russie.

Outre cette différence avec les contrées occidentales, les diverses parties de la Russie offrent elles-mêmes sous ce rapport beaucoup de variétés. Tandis que dans quelques-unes il n'y a, comme nous l'avons dit, jamais de gelée, d'autres ne jouissent au plus que de 70 jours exempts de gelée. Dans quelques-unes la vigne sauvage croît dans les bois, tandis que dans d'autres, l'orge seule peut à peine mûrir; et, plus au nord encore, les buissons même ne peuvent pousser. Dans la Transcaucasie, au sud du Turkestan, dans les steppes du sud-est et même quelquefois en Bessarabie, le bétail peut paître toute l'année dans les champs, tandis que dans la partie centrale de la Russie il doit rester à l'étable pendant 140 et même 170 jours, et dans les gouvernements du nord pendant 200, 230 et jusqu'à 245 jours. (Kem, gouvernement d'Arkhangel).

A l'occident de l'Europe, c'est-à-dire en France, en Angleterre, en Espagne, aux bords de la mer d'Allemagne et d'autres, l'hiver n'existe pas ou bien il est très-court, comme à Vienne, où l'on ne compte que 67 jours d'hiver, et à Berlin 40. Dans de pareilles conditions les travaux agricoles sont possibles pendant presque toute l'année, ce qui ne peut avoir lieu en Russie que dans peu de localités tout à fait exclusives; dans les autres la culture est interrompue pour un espace de temps plus ou moins long, surtout au nord et au nord-est du pays. Dans le gouvernement de Kherson, sur les bords de la mer Noire, la période des travaux agricoles est de 9 mois environ; dans le gouvernement de Vladimir, au centre de la Russie, elle n'est que de 5 mois; et au nord, dans les gouvernements d'Arkhangel, de Vologda et de Perm, elle ne dure pas plus de 4 mois. La rigueur de l'hiver ne permet pas de cultiver dans plusieurs parties de la Russie quelques plantes qui pourraient très-bien y mûrir vu la température du printemps et de l'été; cela se fait surtout remarquer dans les contrées où il tombe peu de neige pendant l'hiver, comme par exemple dans les steppes du tchernozème, au sud-est de la Russie d'Europe, qui embrassent presque toute l'étendue du terrain situé entre l'embouchure du Dnièpre et le fleuve Oural. Quoique le printemps dans cette contrée soit très doux et l'été brûlant, on n'y sème pas le froment d'hiver, qui pourrait cependant y mûrir très-bien, et le froment d'été y donne de très-bonnes récoltes. Les contrées les plus favorisées sous ce rapport se trouvent dans la partie sud-ouest de la Russie et aux bords de la mer Baltique, où les hivers sont plus courts et plus doux; en général les lignes qui marquent sur la carte la température moyenne de l'hiver (les isochimènes), partent du nord de la Norvége, s'inclinent brusquement vers la mer Noire et prennent ensuite la direction vers l'est, en longeant la mer Noire et la mer Caspienne. Les lignes plus orientales, et par conséquent désignant une température plus basse, vont du nord-ouest au sud-est, en décrivant une courbe au sud des monts Ourals.

Ces lignes ont aussi, en Sibérie, la même inclinaison, quoique moins brusque, du nord-ouest au sud-est, remontant de nouveau près de la mer d'Okhotsk vers le nord-est et ensuite vers le nord-ouest, longeant les bords de l'Océan Pacifique. L'hiver est donc plus doux sur le littoral de l'Océan que dans les parties centrales, près de Iakoutsk, où s'établit pendant l'hiver le pôle météorologique.

Les lignes d'égales températures en été (les isothères) suivent une direction diamétralement opposée. Dans la Russie d'Europe elle montent du sud-ouest au nord-est; plus le climat est continental dans une partie quelconque, plus ces lignes montent brusquement, coupant les isochimènes presque perpendiculairement. Il s'ensuit qu'en Russie, surtout dans ses parties les plus continentales, l'été est beaucoup plus chaud qu'en Europe sous les mêmes latitudes; et de là provient la possibilité de s'occuper d'agriculture sous des latitudes qu'on croirait complètement inaccessibles à la culture des grains, à cause de la rigueur des hivers et d'une température moyenne très-basse pendant le cours de l'année. A Mesen (gouvernement d'Arkhangel), où la température moyenne de l'année est au-dessous de 0°, et où la terre, pendant un été de courte durée, ne dégèle qu'à peu de profondeur, l'orge a le temps de mûrir; à Iakoutsk (Sibérie orientale), où la température moyenne de l'année est de $11,_4$° au-dessous de zéro, où la terre ne dégèle pas au-dessous de trois pieds de profondeur, un été chaud, qui a pour température moyenne $14,_3$°, fait mûrir même le froment.

La limite extrême de l'agriculture au nord de la Russie coïncide presque à l'isothère 14°, qui, passant un peu plus au nord de Tornéo et par la Finlande, monte jusqu'à Arkhangel et, descendant ensuite vers Tscherdyne, passe en Sibérie, où elle se dirige vers Iakoutsk et descend ensuite de nouveau vers la mer d'Okhotsk jusqu'à Nicolaïevsk sur l'Amour.

Aux bords de l'Océan Pacifique et de la mer d'Okhotsk, où l'été est, en général, froid, il n'existe presque pas d'agriculture.

Mais ce n'est pas là la seule influence qu'exercent les isothères.

Elle se fait remarquer encore dans la répartition naturelle de différentes cultures en Russie. Un peu plus au sud de l'isothère 18°, passe la limite septentrionale d'une contrée dont la plus grande partie, tant dans la Russie d'Europe qu'en Sibérie, est couverte de tchernozème, et où les conditions pour l'agriculture sont beaucoup plus favorables que dans les parties plus septentrionales. Au sud de l'isothère 20° se trouve la contrée qui porte le nom de zone des steppes, dans les limites de laquelle l'hiver, quoique assez rigoureux, surtout dans les parties orientales et en Sibérie, donne subitement place à un printemps très-doux. Un été très-chaud et un printemps doux, de longue durée, déterminent la possibilité de cultiver de très beaux froments d'été et de faire croître les pastèques et les melons en plein air dans les champs, même un peu plus au nord de cette région.

Enfin au sud de l'isothère 22°, où le printemps est encore plus doux et où l'automne est sec et de longue durée, on cultive la vigne, et l'influence du froid de l'hiver, là où il pénètre dans les limites de cette contrée, par exemple sur le Don, en Bessarabie, et près d'Astrakhan, ne se fait sentir que par la nécessité de couvrir la vigne pendant l'hiver. Dans les limites de cette zone, le bétail reste presque toute l'année dans les champs, surtout dans les parties habitées par les nomades, qui vivent exclusivement dans cette contrée.

Au sud des isothères 24 — 25° on cultive le coton, et surtout dans la partie méridionale du Turkestan, où la température moyenne de l'été est de 25 — 27°.

La différence des températures dans les régions susmentionnées, de concert avec la douceur et la longueur du printemps dans les régions situées plus au Midi, détermine ce fait que les semailles des blés et leur moisson, ainsi que la fenaison, ont lieu beaucoup plus tôt que dans les régions plus septentrionales. Sur les côtes septentrionales de la mer Noire et au nord du Caucase les semailles commencent entre le 13 mars (*) et le 13 avril, tandis qu'au nord de la Russie et dans plusieurs parties de la région du centre qui n'ont pas de tchernozème, elles ne commencent pas avant le 15 mai. La fenaison commence dans la même région avant le 13 juin, tandis qu'au nord on ne fauche le foin qu'après le 12 août. Sur le littoral occidental de la mer Noire la moisson commence vers le 15 du mois de juin et dans les autres parties de la zone des steppes, au plus tard, le 30 du même mois, tandis que dans le nord de la région du tchernozème, là où l'on pratique l'assolement triennal, elle ne commence qu'entre le 13 et le 31 du mois de juillet, encore plus au nord au commencement du mois d'août et enfin dans quelques parties plus boréales elle n'a lieu qu'après le 13 août.

Cette différence dans les périodes des travaux agricoles, jointe à la population clair-semée et au manque de bras dans la région des steppes, détermine des migrations annuelles de grandes masses d'ouvriers qui, au commencement de l'été, viennent des contrées plus septentrionales dans les steppes et qui ont encore la possibilité, après avoir terminé la fauchaison et

(*) Du nouveau style.

la moisson dans les steppes, de revenir à temps pour les mêmes travaux dans leurs villages.

En résumant toutes les particularités du climat de la Russie nous trouvons que le caractère continental de ce climat, la différence énorme entre les températures de l'été et de l'hiver, la rigueur et la longue durée de cette dernière saison, la différence, enfin, entre les climats des diverses parties de la Russie, ont une influence irrésistible sur le caractère de la végétation, sur l'état économique du pays, sur l'industrie de la population, déterminent la différence des conditions économiques dans diverses régions de la Russie, et sont aussi la cause de l'énorme différence qu'on trouve en comparant ces conditions avec celles de l'Europe occidentale. Sans compter l'extrémité septentrionale de la Russie, où la région des toundras est tout-à-fait inaccessible à la culture, il se trouve aussi au sud de cette dernière une large bande de terrain occupant une partie des gouvernements d'Olonetz, d'Arkhangel et de Vologda et presque toute la Sibérie moyenne, qui, ne jouissant que d'un été très-court, est privée de la culture des grains (exceptionnelle dans ces localités), et n'a pour toute richesse qu'une vaste étendue de forêts et les produits de la chasse. Au sud-est la steppe des Kirghiz et presque toute la steppe entre l'Oural, le Volga inférieur, le Manytsch et le Térek, eu égard aux conditions du climat et du sol, est forcée de chercher ses moyens d'existence exclusivement dans l'élève des bestiaux; même dans la plus grande partie de la Russie, l'agriculture et la culture des plantes textiles est entravée par le climat et la rigueur de l'hiver, surtout dans les parties orientales de l'Empire, et les richesses minérales restent même quelquefois sans exploitation, à cause des difficultés qu'oppose le climat en couvrant le sol de glace pendant la majeure partie de l'année et qui rendent impossible l'entretien d'un nombre suffisant de travailleurs. Si, grâce à son étendue et à la variété du climat, l'Empire russe possède une quantité de produits et de richesses naturelles qu'aucun autre pays de l'Europe ne saurait offrir, c'est aussi en raison de ce climat que l'exploitation de ces richesses est beaucoup plus restreinte que dans d'autres pays, et le résultat reste au-dessous de la proportion qu'on serait en droit d'en attendre. La navigation intérieure, qui dans les contrées occidentales de l'Europe ne s'arrête point durant l'année entière, est suspendue en Russie pendant une période plus ou moins longue, qui dans certaines régions dure jusqu'à sept mois. La quantité de bois de chauffage nécessaire à l'occident de l'Europe est moindre qu'en Russie, d'où il suit qu'une étendue de forêts plus restreinte suffit pour assurer les besoins de l'Europe occidentale sous le rapport de la consommation du bois.

La même différence y rend l'élève du bétail moins coûteuse qu'en Russie, parce que la provision de fourrage pour l'hiver doit y être beaucoup moindre qu'en Russie. La longue durée de l'hiver oblige les paysans russes d'avoir recours à des branches subsidiaires d'industrie, qui, pendant les longs hivers, leur donneraient le moyen d'employer le temps d'une manière productive. Cette réunion d'occupations, tout à fait différentes les unes des autres, étant la suite des conditions immuables du climat, doit infailliblement durer encore longtemps, quelque progrès que fasse l'industrie nationale.

La répartition de la chaleur exerce aussi une influence sensible sur la distribution et le caractère de la végétation, qui sont en Russie tout autres que dans l'Europe occidentale. Excitées par la puissante chaleur de l'été, certaines plantes annuelles croissent en Russie plus au nord que partout ailleurs en Europe, et tout ce qui ne demande qu'un été chaud s'y développe avec plus d'abondance et de richesse.

La culture de la vigne est possible en Russie jusqu'à 48° 15' de latitude nord (le point septentrional extrême de cette culture est Nijni-Tchirsk sur le Don), tandis qu'en France elle ne dépasse pas 47° 30'. Les pastèques et les melons croissent et mûrissent en plein air dès les 52^me^ et 53^me^ degrés de latitude nord, dans la partie méridionale du gouvernement de Voronége, tandis qu'en Allemagne ils viennent rarement en plein air même à Stuttgart (48° 46' de lat. n.), et encore plus au sud.

Quant à la végétation forestière, les arbres, restant pendant l'hiver dans la terre, et par conséquent subissant davantage l'influence des grands froids, présentent, en Russie, moins de variétés d'espèces, et beaucoup d'arbres n'y croissent que sous des latitudes plus méridionales que dans l'Europe occidentale. Le hêtre (Fagus sylvatica L.), par exemple, croît vers le Nord jusqu'aux environs d'Edimbourg (56° lat.); de là la limite septentrionale de sa croissance suit une ligne qui coupe l'extrémité méridionale de la Norvége (58° lat.) et de la Suède jusqu'au golfe de Calmar, passe en Prusse, entre Elbing et Kœnigsberg (54° 40') et de là descend dans la partie orientale du royaume de Pologne et la partie occidentale de la Volhynie; mais dans cette dernière contrée le hêtre est rare et n'est commun qu'en Podolie; il reparaît ensuite sur les montagnes de la Tauride et du Caucase et on ne le rencontre plus au nord des embouchures du Térek et du Kouban (44° lat. nord). L'olivier d'Europe, qui ne supporte pas les hivers dont la température moyenne est inférieure à + 5°, est tout à fait impossible à cultiver en Russie, hormis sur la côte méridionale de la Crimée et la Trancaucasie.

Enfin la répartition de la chaleur fixe les limites des contrées dans lesquelles l'agriculture est possible. Ces limites coïncident avec la ligne 0° de température moyenne de l'année (isotherme).

Au nord de cette ligne le sol reste toujours gelé et l'agriculture n'y est possible, que dans quelques localités tout à fait spéciales, qui jouissent d'un été très-chaud. En Russie l'isotherme 0°, longeant au sud toute la Laponie russe, passe au sud de Kem et au nord de Mesen (gouvernement d'Arkhangel) et descend jusqu'à Tcherdyn (gouvernement de Perm); de là elle se dirige en Sibérie vers Tobolsk, et, passant un peu plus au nord de Krasnoïarsk, prend la direction d'Irkoutsk, de Blagovestchensk (dans le pays de l'Amour) et aboutit à Doué (sur l'île Sakhaline). Au nord de cette ligne, dans les limites de la Russie d'Europe, l'agriculture n'existe pas; quant à la Sibérie, elle y existe dans quelques localités qui jouissent d'un été particulièrement favorable (comme par exemple à Iakoutsk).

Outre la répartition de la chaleur, l'abondance des pluies et l'humidité qui couvre la terre exercent une influence non moins puissante sur l'agriculture et sur les conditions de la production.

Dans la Russie d'Europe cette quantité est en général moindre qu'à l'occident de l'Europe et dans la plus grande partie de l'Amérique du Nord. Cela provient aussi du caractère continental du climat: plus la contrée est continentale, moins il y tombe d'eau. L'Océan Atlantique est la source principale des pluies dans la Russie d'Europe; aussi le littoral de la Baltique se trouve-t-il dans des conditions identiques à celles des pays plus maritimes; l'influence des mers intérieures: de la mer Noire, de la mer Caspienne et de la mer d'Aral, est insignifiante et elle n'est subie que par un très petit nombre de localités. C'est pourquoi toute l'étendue de la Russie d'Europe est soumise à l'application de ce principe météorologique, que plus on s'éloigne de la Baltique en avançant vers le sud-est, moins il tombe de pluie. Dans les régions centrales et septentrionales de la Russie, la quantité d'eau qui tombe est de 400 à 600 et même 700 millimètres par année, et elle diminue à mesure que l'on avance vers l'est. Ces régions ne souffrent pas du manque d'humidité, surtout la partie septentrionale, qui possède beaucoup de forêts et où il tombe plus de neige, laquelle, fondant assez lentement dans les bois, imprègne la terre d'une humidité qui s'y maintient longtemps, surtout dans les bois et les localités où on rencontre beaucoup de marais. Ces dernières souffrent même quelquefois de trop d'humidité.

Plus au sud, dans la zone des steppes, il tombe considérablement moins d'eau. Dans la contrée dite la Nouvelle-Russie (de la Bessarabie à la mer d'Azow) il en tombe plus de 300 millimètres; mais dans la steppe de la Crimée et dans la plaine aralo-caspienne cette quantité est moindre;

près de la mer Caspienne, dans les steppes kirghizes, il tombe annuellement moins de 200 mill. d'eau. Il s'ensuit que toute la région des steppes du sud et du sud-est de la Russie d'Europe, dont la température est plus élevée que celle des contrées situées plus au nord, a souvent à souffrir de la sécheresse. Cette région est presque complètement dénuée de toute végétation forestière, et la plantation artificielle de forêts y est très-difficile, cette région n'ayant que très-peu de rivières et de sources. Grâce à son climat sec, au manque de bois et de rivières, cette contrée, surtout dans sa partie orientale, située près de la mer Caspienne, subit souvent l'influence désastreuse que la sécheresse exerce sur l'agriculture. C'est pourquoi les steppes sablonneuses de la mer Caspienne et des Kirghizes offrent un aspect des plus tristes et sont une des contrées les plus désertes du globe terrestre; dans plusieurs de ses parties l'agriculture sans irrigations artificielles est impossible. Le Turkestan souffre aussi de la sécheresse; il n'y a de terres fertiles que dans les localités arrosées artificiellement, et dans celles qui se trouvent près de grands bassins et sur les bords des rivières: celles par exemple, qui sont situées sur le Syr-Daria, dans le cours moyen et au midi de ce fleuve, ainsi que sur les rives humides du lac Balkache.

La plus ou moins grande humidité de l'air dans différentes régions se trouve en rapport avec la direction prédominante du vent, qui apporte soit l'humidité, soit la sécheresse. Dans toute la partie centrale et dans toute celle du nord prédomine le vent sud-ouest, qui souffle du gulf-stream et de l'Océan Atlantique. Il s'ensuit que dans ces régions il tombe plus d'eau que dans les autres et que la quantité de cette eau diminue à mesure que l'on avance vers l'est. Dans la plaine aralo-caspienne au contraire, prédomine, de même qu'à l'extrémité méridionale de la Russie d'Europe, le vent sec de l'est, qui souffle du vaste continent asiatique; les vents du nord et du sud apportent aussi peu d'humidité à cette contrée, car ils soufflent soit du continent de la Russie, soit de l'Asie et de l'Afrique.

Il en résulte que cette région a beaucoup moins d'humidité que les autres parties de la Russie; dans les steppes des Kirghizes et des Kalmouks l'air est particulièrement sec à cause de la grande évaporation provenant de la haute température. La région centrale, dans laquelle soufflent des vents intermittents, forme la transition entre la ré ion sèche du sud-est et la région assez humide du nord. Cette région a pour li.nites au nord les villes: de Kamenetz-Podolsk, Kiew, Orel et Oufa, et au sud la limite passe à peu près par les villes de Kichinew, Izioum (gouvern. de Kharkow), Novokhopersk (gouvern. de Voronége), Tzaritzine (gouvern. de Saratow) et Orenbourg.

En Sibérie, dans sa partie occidentale, jusqu'au méridien d'Irkoutsk, le climat est continental et au total très-sec; les localités les plus humides sont disposées dans le voisinage des mers et dans la région des forêts, et les parties les plus sèches sont les steppes et surtout celles des Kirghizes. Les provinces du sud-ouest de la Sibérie orientale souffrent aussi de la sécheresse. Quant à la partie orientale de la Sibérie, nommément la province de l'Amour et surtout celle du Littoral et le Kamtchatka, subissant l'influence des vents alizés de l'Océan Pacifique, elle a au contraire le caractère des pays maritimes, et la quantité des précipités aqueux y est beaucoup plus grande. Mais grâce à la température basse de l'été, provenant du courant froid de l'Océan, et à la rigueur du climat pendant toute l'année, l'agriculture est presque impossible dans ces contrées, surtout au nord, à partir des bords de la mer d'Okhotsk. La Sibérie est exposée aux vents froids du nord et de l'est, du côté du sud barricadés par des chaînes de montagnes.

Sur la côte méridionale de la Crimée et dans plusieurs parties de la Transcaucasie, le climat est beaucoup plus favorable que dans les autres contrées de la Russie. La côte méridionale de la Crimée, défendue au nord par une chaîne de hautes montagnes, au sud descendant en pente vers la mer, est un pays où il ne tombe presque jamais de neige; et où les gelées sont fort rares, un pays dont la température pendant l'été est très élevée et auquel les nuages, venant de la mer et subissant l'influence des hautes montagnes, donnent assez de pluie. Ces conditions en font une contrée bénie; ses montagnes sont couvertes de forêts et sa côte méridionale de jardins et de vignobles.

La côte orientale de la mer Noire a beaucoup de similitude avec la côte méridionale de la Crimée, et plus on y avance vers le Midi, plus l'influence de la mer et d'une plus haute chaîne de montagnes y rend les pluies abondantes. A Redout-Kalé et à Poti (au bord de la mer Noire), il tombe 1677 millim. d'eau par an, quantité presque égale à celle qu'on observe à Calcutta dans l'Inde: mais Calcutta est regardé comme un pays très-humide, et de plus il se trouve dans la zone tropicale, où la température est plus élevée et les évaporations plus grandes.

Dans les plaines du gouvernement de Koutaïs il tombe de 1,400 à 1,700 millim. d'eau. La plus grande quantité de pluie s'y remarque en été. Sous les conditions favorables d'un climat doux et de l'abondance des pluies la vigne sauvage croît en pleine liberté dans les bois, la végétation se développe splendidement et sa richesse fait penser quelquefois à la zone tropicale, plutôt qu'à l'Europe.

La plaine qui s'étend au bord du Rion a gardé jusqu'à nos jours son type de forêts épaisses avec de rares éclaircies de terres défrichées; la végétation y est si puissante qu'il est difficile de lutter avec elle.

Les terrains accidentés de la Mingrélie et de l'Imérétie, situés aux bords de l'Ingour et du cours septentrional du Rion, sont beaucoup plus cultivés et les grandes forêts deviennent rares dans cette contrée. On préfère pour la culture les versants des coteaux, parce que les plantes n'y souffrent pas de l'humidité autant que dans les plaines; on cultive sur les versants même le coton, quoique cette plante exige assez d'humidité. De toutes les céréales le maïs y donne les plus belles récoltes, parce qu'il lui faut un été chaud et humide.

Le passage de Souram, qui se trouve entre Koutaïs et Tiflis, forme la limite de deux climats: à l'ouest est le climat tempéré et humide de l'Imérétie, à l'est le climat sec de la Géorgie. Tous les versants du Caucase et des autres montagnes, à la hauteur de 2,500 pieds et au-dessus, sont boisés, parce qu'à cette hauteur il tombe assez de pluie, mais les plaines et les vallées basses sont pour la plupart sèches, déboisées, et l'irrigation y est en usage partout où elle est possible.

Par la répartition des précipités aqueux, la Géorgie se rapproche, plus que tous les autres pays du Caucase, de la région des steppes. Ce même caractère règne à l'est de Tiflis sur le versant méridional du Caucase jusqu'à la ville de Chemakha et même un peu au delà de cette ville.

La Koura traverse des steppes, en partie salines, couvertes seulement au printemps et en automne d'une herbe chétive. La population se concentre dans les vallées et sur les saillies des montagnes. C'est là que se trouvent à la hauteur de 2 à 3 mille pieds les fameux vignobles de la Kakhétie, les mûriers des environs de Noukha, les jardins de la Chemakha. Plus haut sur les versants des montagnes croissent des forêts.

Un peu plus à l'est de la ville de Chemakha les montagnes du Caucase s'abaissent et le caractère de la localité change en même temps: les dernières ramifications des montagnes sont couvertes déjà d'une steppe aride qui longe la mer Caspienne, s'étendant entre les embouchures de la Koura et la partie méridionale du district de Koubinsk. La presqu'île d'Apchéron, complètement déboisée, a le même caractère.

Dans la steppe de Moughan, sur le cours inférieur de la Koura et de l'Arax, les pluies ne tombent abondamment qu'au printemps et en automne; en été elles sont rares: toute végétation périt en été, mais au mois de septembre, dès que les pluies commencent, une herbe magnifique couvre la steppe, et les bestiaux, qui ont passé l'été sur les pâturages des montagnes, descendent dans cette steppe.

On trouve cet expédient demi-nomade d'élever le bétail, dans toute la partie orientale et méridionale de la Transcaucasie, à savoir, dans les gouvernements d'Elisavethpol, d'Erivan et de Bakou. Dans les montagnes, la végétation, favorisée par la fonte des neiges et par les pluies, se développe en été, tandis qu'elle périt dans les plaines, et dans ces dernières elle vit tout l'hiver, parce que durant cette saison le sol et l'air sont humides et qu'il n'y a pas de grandes gelées. Les habitants de ces contrées se sont conformés depuis longtemps aux exigences de leur climat; les montagnards louent des pâturages dans la steppe et les habitants des plaines en louent dans les montagnes.

Au sud de Bakou se trouve une localité dont le climat est pluvieux et qui jouit d'une végétation remarquable par sa richesse, — c'est le district de Lenkoran. Les montagnes du Zouvan ou Talichinsky (hautes de 5 à 7 mille pieds) s'approchent là du bord de la mer Caspienne, et le voisinage des montagnes, ainsi que celui de la mer, apporte à cette contrée des pluies abondantes. En partant de cette localité fertile on peut suivre pas à pas la transition de la riche végétation du littoral à la steppe de Moughan. A 50 verstes de Bakou le climat est déjà beaucoup plus sec. Cette localité possède encore de belles forêts, mais les plantes grimpantes y sont beaucoup plus rares. On y sème en grande quantité les blés d'hiver, qui, grâce à la fertilité du sol et à la régularité des pluies hivernales, donnent de très-bonnes récoltes. Mais au mois de mai déjà la terre durcit à un tel point, qu'elle devient inabordable à la culture. L'été est le temps de repos pour la végétation de cette contrée.

Le Daghestan, entouré de tous côtés par de hautes chaînes de montagnes, est remarquable par la sécheresse de son climat; la plupart de ses montagnes sont arides, et l'agriculture, excessivement difficile, n'y existe qu'à l'aide d'irrigations.

*Limites climatériques des différentes cultures.* En Russie le froment croît jusqu'à 62° de latitude nord; mais on peut le cultiver, et on le cultive en effet dans quelques localités plus septentrionales. En Finlande on cultive le froment dans la partie méridionale de cette contrée; dans le nord de la Russie on peut assigner comme dernière limite à la culture du froment la frontière méridionale du gouvernement d'Olonetz; ce blé donne encore des récoltes passables près de Vologda et aux bords du lac Koubensk; dans le gouvernement de Viatka il donne de bonnes récoltes sur le sol du tchernozème sablonneux, dans les parties méridionales des districts d'Ourjoum, de Malmije et de Zaransk, situés le long des frontières du gouvernement d'Oufa. Parfois on rencontre au nord de ces localités quelques champs ensemencés de froment, même à Chenkoursk (gouvernement d'Arkhangel) sous la latitude 62° et dans quelques localités situées aux bords des rivières Vitchegda et Sysola (gouvernement de Vologda); mais rarement ce blé peut y mûrir. Au nord la dernière limite de l'agriculture est déterminée par l'orge, qui vient dans des régions plus septentrionales que le froment et le seigle. Cette sorte de blé se cultive en Finlande jusqu'à la rive méridionale du lac Enaré (68° 30′ de latitude nord) et sur la côte occidentale de la mer Blanche, dans le district de Kem, vers le 66° de lat. n. Sur la côte orientale de cette mer la culture de l'orge ne va pas au-delà de Mezen (65° 50′ de lat. nord); elle atteint la même latitude du côté de la Petchora, sur la rive droite de l'Oussa, à 65° 58′ de lat. nord. C'est la limite la plus septentrionale de la culture de l'orge.

La limite septentrionale de la région où les pastèques et les melons croissent en plein air, commence un peu plus au nord de Kamenetz-Podolsk et passe par Kiew, Koursk, Tambow, Penza et Samara. La limite extrême de la culture de la vigne s'élève sur le Don, à 48° 15′ de latitude nord.

Dans la Sibérie occidentale la région possédant de très-bonnes terres cultivables est limitée au nord par une ligne qui, partant de 57° 30′ de lat. nord, sur la frontière de la Russie d'Europe, descend vers le lac Baïkal jusqu'à 56° de lat.; mais pour les terres encore assez favorables à l'agriculture on assigne comme limite septentrionale une ligne qui part à l'Ouest du 60e degré de lat. et aboutit à 58° sur le méridien du Baïkal; au reste on rencontre encore l'agriculture dans plusieurs localités situées beaucoup plus au nord de cette ligne.

Dans la Sibérie orientale les localités les plus favorables pour l'agriculture sont disposées sur les bords de l'Amour et de l'Oussouri. Quant au littoral de l'Océan Pacifique et de la mer d'Okhotsk, vu son climat âpre et ses étés froids, il est peu favorable à l'agriculture, à l'exception de quelques parties de la province de l'Oussouri.

Sur la chaîne du Caucase la limite extrême de toute végétation aboutit:

pour la végétation herbacée jusqu'à 9,850 et même 11,000 pieds de hauteur absolue.

| | | |
|---|---|---|
| » l'orge . . . . . . . . . . | 8,100 pieds | |
| » le seigle . . . . . . . . . | 7,906 pieds | (dans quelques parties de la chaîne elle n'atteint que 5,976 pieds.) |
| » le froment . . . . . . . . | 7,400 pieds | (dans quelques parties de la chaîne elle n'atteint que 5,755 pieds.) |
| » la vigne . . . . . . . . . | 3,570 pieds. | |

Sur le passage de la chaîne principale du Caucase, de Vladikavkaz à Tiflis (route militaire de Géorgie) les limites de la végétation sont les suivantes:

| | sur le versant septentrional | sur le versant méridional |
|---|---|---|
| de l'orge | 6,500 pieds | 7,300 pieds |
| du froment d'été | 4,000 » | 5,400 » |
| du froment d'hiver, comme blé prédominant | 2,230 » | 3,100 » |

# II.

## S O L.

Importance du caractère et de la qualité du sol. — Esquisse topographique de la Russie. — Description du sol. — Région du terreau noir (tchernozème). — Opinions sur l'origine du tchernozème. — Suppositions sur les causes de la fertilité du tchernozème par rapport à sa composition chimique (*).

---

Le caractère et la qualité du sol exercent, aussi bien que le climat, une puissante influence sur l'agriculture russe. Si l'on prend en considération la grande étendue de terrain que possède la population russe comparativement avec celle des autres Etats de l'Europe, son agriculture arriérée, qui n'a utilisé jusqu'à présent que les forces naturelles du sol, les vastes régions sur lesquelles le profit que donne l'agriculture dépend soit des forces puissantes du tchernozème qui n'exige aucun engrais, soit de la possibilité de couper et de brûler les bois pour les remplacer par des céréales, aussi sans engrais, soit de la possibilité de laisser paître sur les vastes steppes de nombreux troupeaux qui, même en hiver, peuvent se procurer eux-mêmes leur nourriture, il faudra constater que la force et la fécondité du sol sont pour l'agriculture russe d'une importance presqu'aussi grande que le sont les con-

---

(*) Comme éléments principaux de la rédaction de ce chapitre, on a consulté:
Les matériaux et les cartes rassemblés par le Département de l'Agriculture et de l'Industrie rurale pour l'édition de la carte du sol de la Russie d'Europe. La carte du sol du royaume de Pologne et la carte économique de la Sibérie.
Texte explicatif de l'Atlas Economico-Statistique de la Russie d'Europe, par M. Wilson.
Recherches géo-botaniques sur le tchernozème, par M. Ruprecht, de l'Académie des sciences de St-Pétersbourg.
Notice sur la composition chimique du tchernozème, par M. le professeur Ilyenkoff.
Les analyses du tchernozème, faites en Russie et à l'étranger.
Aperçu statistique des forces productives de la Russie, par M. de Buschen.

ditions du climat. Cette force et cette fécondité déterminent non-seulement le système que l'agriculteur est obligé de suivre selon les conditions qu'elles offrent, mais la possibilité même de cultiver la terre et de subsister. C'est pour cette raison qu'il est si indispensable d'étudier le sol, afin de comprendre les conditions dans lesquelles se trouvent l'agriculture et l'agriculteur dans différentes parties de la Russie.

Commençons par esquisser rapidement la topographie de la Russie.

La superficie de la Russie d'Europe présente l'aspect d'une vaste plaine bordée sur ses limites par les montagnes de la Finlande, les ramifications des Carpathes, les montagnes de la Tauride, la chaîne du Caucase et les monts Ourals. Au sud de la mer Baltique cette plaine confine à la plaine de l'Europe occidentale et du côté sud-est à celle des Kirghizes. Les points les plus élevés de cet immense territoire se trouvent sur le plateau Alaunus, qui occupe une vaste étendue de 3,500 milles carrés dans les gouvernements de Novgorod, de Tver, de Smolensk, de Vitebsk et de Pskow. Ce plateau est traversé par les monts Valdaï, qui, partant de la source du Dnièpre, se dirigent vers le nord-est, et passent par le gouvernement de Tver et en partie par celui de Novgorod. Le point culminant des monts Valdaï ne s'élève pas au-delà de 1120 pieds au dessus du niveau de l'Océan. Ces montagnes donnent naissance aux plus importants cours d'eau de la Russie et forment ainsi le nœud d'où partent les lignes qui séparent les principaux versants et forment les différents bassins.

Les monts Valdaï se rattachent, dans la direction de l'est, aux monts Ourals par une bande de terrain ondulé, dont les élévations ne surpassent pas 800 pieds, et qui sépare les bassins de la mer Blanche de ceux de la mer Caspienne. Au nord-ouest des monts Valdaï s'étend vers la Finlande une région accidentée, entrecoupée d'une masse de bois et d'un grand nombre de marais.

Vers le sud et le nord le plateau Ouralo-Alaunus s'abaisse à mesure qu'il s'avance vers les mers. A l'extrémité nord il aboutit à la vaste étendue des toundras, au sud, près de la mer Noire et de celle d'Azow, aux immenses prairies des steppes et au sud-est à la vaste plaine sablonneuse et en partie saline, située près de la mer Caspienne, dont le niveau est à 85 pieds au-dessous de celui de la mer Noire. Cette steppe va rejoindre la steppe des Kirghizes de l'Asie.

Au sud des montagnes Ouralo-Alaunus se trouvent des élévations moins hautes, qui séparent les bassins du Volga, du Don et du Dnièpre.

Au sud-ouest enfin ce plateau est limité par quelques ramifications des Carpathes. Une arête de granit, qui part des Carpathes vers l'est, s'étend le long de la mer Noire et redresse le cours de presque tous les fleuves courant au sud vers cette mer. En rencontrant cette arête, ces fleuves et leurs affluents se détournent, s'encaissent et forment des cataractes qui présentent des obstacles sérieux à la navigation fluviale et font naître beaucoup de difficultés pour le commerce du sud.

La Finlande est un vaste plateau de granit, dont l'élévation moyenne est de 500 pieds, et qui ne présente aucun point culminant. Déchiré par des crevasses sans fin, ce plateau présente une contrée boisée et sillonnée de torrents. Toute la Finlande offre un aspect très-pittoresque; mais le sol est pauvre, laisse voir presque partout le roc dénudé et offre à chaque pas des obstacles à la facilité des communications et des transports.

La Pologne n'est qu'une continuation de la grande plaine russe. Un plateau peu élevé et de petite étendue, considéré comme une dérivation des Carpathes, remplit la partie sud-ouest du royaume. C'est ce qu'on appelle la Lissagora, pays montagneux et boisé, riche en minerai de fer.

Le pays du Caucase comprend les demi-versants de la chaîne gigantesque qui s'étend entre la mer Noire et la mer Caspienne, depuis la presqu'île de Taman jusqu'au cap Apchéron. La longueur de cette chaîne est de 1,100 verstes. La ligne du Caucase est double; la chaîne principale, en suivant invariablement la direction du nord-ouest au sud-est, forme un rempart continuel et presque inaccessible. Une coupure assez profonde, située au milieu de la chaîne et qui s'ouvre à la seule route carrossable servant de communication entre les deux versants, divise le Caucase en deux parties distinctes. C'est la gorge du Dariel, qui, en sortant des flancs de la chaîne principale, conduit par une suite de pentes rapides, à travers les chaînes latérales, jusque dans la plaine où est situé Vladikavkaz. Au delà du système principal du Caucase, entre la Koura et l'Arax, dans une direction presque parallèle à celle de la chaîne principale, se trouve le système du Caucase mineur, formé par une suite de plateaux et de massifs détachés, se rattachant au système du grand Caucase par une chaîne insignifiante, dite chaîne Andysky, laquelle sépare les eaux de la mer Noire de celles de la mer Caspienne. Le Caucase mineur forme un système à part, au milieu duquel se trouve le lac Goktscha, dont le niveau est à 6,345 pieds au-dessus du niveau de la mer Noire. En dehors du plateau de Goktscha se trouvent deux massifs détachés: l'Ararat et l'Alaghoez. Entre ces deux chaînes s'étend la vallée de Géorgie, qui s'élargit de plus en plus à mesure qu'elle approche de la mer Caspienne.

La Russie d'Asie présente deux vastes contrées dont la superficie est aussi presque plate: l'une d'elles, la Sibérie, a des montagnes dans sa partie orientale et méridionale; l'autre, la plaine Aralo-Caspienne, comprend la steppe des Kirghizes et le Turkestan. La Sibérie s'incline au nord vers l'Océan Glacial, où elle se transforme en toundras, et au sud elle se confond avec les steppes de la plaine Aralo-Caspienne. Le fleuve Yénisséi, qui se jette dans l'Océan Glacial, divise la Sibérie en deux parties: la Sibérie orientale et la Sibérie occidentale. La Sibérie occidentale est une plaine, mais dans la Sibérie orientale on observe des élévations plus ou moins accentuées, qui s'étendent assez loin dans le nord et tirent leur origine de la chaîne principale (le Stanovoï) qui part du lac Baïkal et se dirige vers le nord-est.

Passons maintenant à la description du sol.

Nous avons déjà dit que la Russie d'Europe est bordée sur ses frontières par les montagnes de l'Oural, du Caucase, de la Finlande, et par des ramifications des Carpathes. Dans le voisinage de toutes ces montagnes le sol est pierreux; ce sol couvre quelquefois de grandes étendues entre les ramifications des montagnes; telle est toute la partie méridionale des rameaux de la chaîne de l'Oural qui s'abaissent dans les gouvernements d'Orenbourg et d'Oufa; telle est presque toute la Finlande. Dans d'autres parties de la Russie, outre le sol pierreux des montagnes et les rochers qu'on rencontre sur les bords de quelques rivières, le sol pierreux est aussi formé dans beaucoup de localités par les détritus des pierres erratiques (les blocs erratiques et les galets), dispersés dans toute la partie septentrionale de la Russie d'Europe et agglomérés dans quelques localités en assez grandes masses.

Au sud des toundras qui occupent le nord de la Russie, s'étend une région de marais qui, d'un côté, pénètre dans les gouvernements de Perm et de Viatka, de l'autre confine aux régions des lacs et des marais dans le pays boisé (polessié) de Novgorod et de Pinsk. Le sol de cette contrée est en général très-pauvre; les grandes étendues de sables, qui longent les fleuves du nord et s'étendent dans les pays boisés du nord-ouest, sont alternées par des terrains peu fertiles, limoneux, sablo-limoneux et tourbeux; les sols sablo-argileux et argilo-sablonneux sont les meilleurs dans cette contrée, mais ils occupent comparativement des plaines de peu d'étendue.

Des terrains aussi pauvres que ceux de la région susmentionnée, couverts d'un sol sablonneux, occupent la rive droite du Volga, de Iouriévetz à Kazan et Vetlouga, la rive gauche de l'Oka, de Kolomna à Kassimow et Vladimir, les rives droites de la Tzna et de la Mokcha, les bords des affluents du Dnièpre: du Pripet, de la Bérésina, de la Desna et de l'Ipout, et la rive gauche du Dnièpre, dans le voisinage de son embouchure. Enfin une vaste région de sables, et même de sables mouvants, occupe sur le littoral de la mer Caspienne un grand espace qui, s'étendant des monts Caucase, longe le bord de la mer Caspienne, puis, remontant des deux côtés du Volga jusqu'à Tzaritzine et ensuite, du côté gauche de ce fleuve, jusqu'aux frontières du gouvernement de Samara, se confond enfin à l'est avec les steppes de l'Asie. Cette étendue de sable est entrecoupée de salines, de lacs et de marais salants qui pénètrent encore plus loin, dans les steppes sablo-argileuses, et en partie couvertes de tchernozème, des Kirghizes et des Kalmouks, et dépassent même les limites du gouvernement de Samara.

Tout le reste de l'étendue de la Russie d'Europe, considéré sous le rapport du sol, se divise en deux parties très-distinctes l'une de l'autre: celle du sud, couverte d'une couche fertile de tchernozème, et celle du nord, formée pour la plupart de sols sablo-argileux ou argilo-sablonneux de différentes qualités. Cette partie septentrionale, dans laquelle on ne rencontre que rarement de petites parcelles éparses de terre fertile, est bornée au nord, par les toundras et les sables des bassins des rivières du nord et par la Finlande, au sud, par les vastes étendues de sables qui gisent dans les bassins des affluents du Dnièpre, de l'Oka et du Volga. Ces sables du midi, souvent entrecoupés de marais et longeant le Pripet, la Bérésina, l'Ipout et la Desna, s'étendant ensuite sur les bords de l'Oka le long des frontières du gouvernement de Kalouga et dans la partie septentrionale du gouvernement de Riazan, longeant enfin les rivières Tzna et Mokcha et la rive septentrionale du Volga jusqu'à Kazan, constituent une ligne de séparation assez prononcée entre les deux parties de la Russie: celle du tchernozème et celle qui n'en possède pas. De Kazan la limite septentrionale du tchernozème court le long du Volga, de la Kama et de la Belaïa jusqu'à la chaîne de l'Oural. Le sol de la région privée de tchernozème est en majeure partie sablo-argileux et argilo-sablonneux, moins souvent argileux et limoneux; les terres marneuses et calcaires y sont fort rares et on n'en rencontre que des parcelles éparses. Dans toute cette région le sol est pauvre; la culture des céréales ne peut y exister sans engrais, et elle ne répond pas aux besoins de la population; cette contrée, à l'exception de la région industrielle, située autour de Moscou, possède d'assez grandes forêts, surtout dans sa partie septentrionale et dans les pays boisés (polessié) du sud-ouest. Les terres les plus productives de cette contrée sont celles qu'on rencontre çà et là, couvertes d'un sol contenant un mélange de tchernozème, qu'on trouve dans les gouvernements de Vladimir, de Yaroslaw et de Viatka et dans les gouvernements de l'ouest, ainsi que les terres limoneuses qu'inondent les rivières et qui forment les meilleures prairies.

Toute la moitié sud de la Russie, en commencant des régions sablonneuses susmentionnées jusqu'aux bords de la mer Noire et de la mer d'Azow, jusqu'à la chaîne du Caucase, la plaine Aralo-Caspienne et jusqu'au pied de l'Oural, est couverte d'une couche presque continue de tchernozème fécond, qui a parfois une épaisseur de 10 pieds et au delà et qui devient un peu moins riche à mesure qu'il approche des limites de cette région, ainsi que des mers et de la steppe Caspienne. La superficie des terrains couverts de tchernozème a une étendue de plus de 20,000 milles carrés; elle est occupée presque par la moitié de la population de la Russie d'Europe (sans compter la Finlande et le royaume de Pologne). Sur la plus grande étendue de cette superficie, l'agriculture existe sans engrais et produit un excédant de céréales qui, non seulement garantit les besoins des autres parties de la Russie, mais fournit encore une grande quantité de grains pour l'exportation à l'étranger. Les principales villes de la Russie s'approvisionnent de la viande que procure le bétail de cette région; et ses brebis fournissent la plus grande quantité de laine que possède la Russie.

La limite nord du tchernozème, partant, à l'ouest de la Russie, des frontières de la Galicie, passe au sud de Jitomir et de Kiew, longe la frontière septentrionale du gouvernement de Poltava, embrasse quelques districts du midi du gouvernement de Tchernigow, traverse l'extrémité méridionale de la partie occidentale du gouvernement d'Orel, en montant de la ville de Dmitriew jusqu'à Orel, et de là se dirige vers Mtsensk, Krapivna, Toula, Venew et, passant au sud de Zaraïsk, descend de nouveau vers Riajsk, se détourne dans la direction de Sapojok et, au nord de Chatsk, rencontre la Tzna. De là elle descend le long de la Tzna jusqu'à Tambow, d'où elle se dirige vers Spassk, Temnikow, Krasnoslobodsk, et aboutit à Insar, d'où elle reprend la direction du nord en passant par les villes de Potchinok, Loukoïanow, Kniaguinine, Vassil-Soursk, longe à quelque distance la rive droite du Volga jusqu'à Spassk, court ensuite le long des rivières Kama et Belaïa et aboutit à la ville d'Oufa. Au sud le tchernozème s'étend jusqu'à la mer Noire et la mer d'Azow, mais à quelque distance de la mer Noire, dans les limites de la Bessarabie et du gouvernement de Kherson, le sol, descendant en terrasses vers la mer, perd une partie de sa fertilité; le tchernozème devient moins profond, se transforme en terre grise et même tout près de la mer en sol sablo-argileux et argilo-sablonneux; du côté droit du Dnièpre, près de son embouchure, on rencontre même des sables, et toute la steppe de la Crimée est couverte d'un sol argilo-sablonneux, avec un alliage de tchernozème. Quant à la mer d'Azow, le tchernozème s'en approche beaucoup plus, la côtoie jusqu'à la chaîne du Caucase, et, longeant ensuite cette chaîne, aboutit à la plaine Caspienne, d'où il remonte, suivant la ligne de séparation des bassins du Volga et du Don, jusqu'à Tzaritzyne, longe ensuite le Volga et l'Irghiz et se dirige vers Orenbourg. Au sud de l'Irghiz, dans les districts méridionaux du gouvernement de Samara, s'étend un terrain assez fertile (terre grise) qui forme la transition du tchernozème aux steppes Caspiennes.

Toute l'étendue de territoire bornée par ces limites est couverte d'une couche presque continue de tchernozème et comprend: la partie méridionale de la Volhynie, la plus grande partie du gouvernement de Kiew, toute la Podolie, presque toute la Bessarabie et le gouvernement de Kherson, la moitié nord du gouvernement de Tauride, les gouvernements d'Ekaterinoslaw, de Poltava, de Kharkow, de Koursk, la moitié de l'est du gouvernement d'Orel, la plus grande partie du gouvernement de Toula, la moitié sud du gouvernement de Riazan, une grande moitié du gouvernement de Tambow, tout le gouvernement de Voronége, le pays du Don, tout le gouvernement de Saratow, la plus grande partie du gouvernement de Penza, une partie moyenne du gouvernement de Nijni-Novgorod, la partie méridionale du gouvernement de Kazan, le gouvernement de Simbirsk, la moitié nord du gouvernement de Samara et en partie les gouvernements d'Orenbourg et d'Oufa, d'où le tchernozème passe à l'autre côté des monts Ourals dans les districts de Chadrinsk, de Kamichlow et d'Irbit, et se confond ensuite avec le tchernozème de la Sibérie. Au sud-est le tchernozème longe la mer d'Azow jusqu'aux montagnes du Caucase, occupant la province du Kouban, la plus grande partie du gouvernement de Stavropol et en partie la province du Terek.

L'origine du tchernozème a été expliquée de différentes manières: Murchison suppose que le tchernozème a été formé par le limon des mers, déposé par les courants du nord; d'autres, tels que le professeur Petzhold, ont supposé que c'est un dépôt, formé par le retrait des eaux de la mer Ponto-Caspienne; quelques investigateurs (*) croyaient au contraire que le tchernozème provient d'un sédiment d'eau douce; d'autres enfin, comme M. Ruprecht, membre de l'Académie des sciences de St-Pétersbourg, attribuent l'origine du tchernozème à une formation antérieure du sol comparativement avec celui qui se trouve situé plus au nord. Les recherches géobotaniques de M. Ruprecht lui ont fait admettre que la putréfaction des plantes herbacées des steppes, sur un continent plus ancien, ont formé dans le cours des siècles la couche intense du tchernozème, tandis qu'au nord était située une contrée longtemps submergée par la mer, sur laquelle la végétation n'apparut que beaucoup plus tard et présente un tout autre caractère; ce qui explique pourquoi il ne pouvait se former dans ces localités un sol aussi favorable pour l'agriculture.

(*) Eichwald, Vaugenheim, Loudvig, Borissiak.

Selon l'opinion de M. Ruprecht le tchernozème n'est pas un limon déposé par les courants des mers, parce qu'on n'y trouve pas les traces des coquilles et des formes marines, et aussi parce que la contrée qui constituait autrefois le fond de l'ancienne mer Ponto-Caspienne, et qui est couverte d'une masse de coquilles de mollusques marins, dont les espèces existent jusqu'à nos jours, présente une steppe basse, couverte de lacs salants et de salines. Le tchernozème ne pouvait non plus provenir des tourbières desséchées et putréfiées, parce que la steppe du midi de la Russie n'abonda jamais en forêts et en marais qui déterminent l'existence des tourbières. Hérodote parlait déjà du pays déboisé des Scythes et des Sarmates, et les recherches microscopiques de 300 échantillons de tchernozème, pris dans 30 localités différentes, n'ont pu faire découvrir le plus petit atome de racines d'arbres. De plus, le tchernozème contient, d'après les analyses chimiques, de 70 à 80 % de terres siliceuses, tandis que la tourbe ne contient que 6 % de cendre et celle-ci n'a que 6 % de terres siliceuses pures; il s'ensuit que pour former une couche de tchernozème de 10 pieds d'épaisseur (et il y en a de 20 pieds) les tourbières auraient dû avoir, avant leur putréfaction complète, une épaisseur incommensurable, tandis que les tourbières les plus épaisses que l'on connaisse jusqu'à présent n'ont pas plus de 40 pieds de profondeur. Encore faudrait-il admettre que l'atmosphère exerçait son influence destructive jusque sur les couches les plus profondes des tourbières indéfiniment épaisses, car l'on n'a pu trouver dans les parties les plus profondes du tchernozème, disposées sur le sous-sol, aucun détritus de tissus végétatifs ayant conservé leur structure. Les couches supérieures, plus exposées à l'influence de l'air et subissant par conséquent une décomposition plus complète, devraient contenir une plus grande quantité de matières minérales et moins de matières organiques. Le tchernozème présente un fait diamétralement opposé: les matières putréfiées contenues dans le tchernozème diminuent en quantité en proportion de son approfondissement ($10^1/_2$, 10 %, à une plus grande profondeur $9^1/_2$, 8 % et sous le sol $5^3/_4$ %; ou bien de 13 à 17 %, de 10 à 12 % et de 7 à 9 %). Il s'ensuivrait, d'après la supposition, que la tourbe se serait transformée en tchernozème, que l'influence destructive de l'atmosphère aurait dû agir plus puissamment au fond qu'à la surface, ce qui est impossible. M. Ruprecht suppose que le tchernozème s'est formé de gazon. La terre de gazon constitue un véritable équivalent de tchernozème, tant par ses qualités extérieures que par sa composition chimique et sa structure miscroscopique. Sous l'influence du soleil et de la pluie les parties herbacées des plantes se décomposent, se putréfient, pénètrent dans le sol et déterminent sa couleur plus ou moins noire.

En résumant ses thèses, M. Ruprecht dit que l'explication qui admet que le tchernozème a été formé durant quelques milliers d'années par le gazon des steppes est juste, parce qu'il n'existe pas un seul phénomène qui la contredise. L'absence des politalamias et des policistinias, des bacillarias des mers, des coquilles marines et d'eau douce; la décroissance de la couleur noire du tchernozème en proportion de son approfondissement, de la quantité de matières putréfiées et de phitolitarias; la quantité minime de matières organiques en comparaison avec les terres siliceuses et d'autres matières minérales que le tchernozème contient; le fait que le tchernozème gît sur les croupes arrondies des plaines un peu ondulées, et sur les plateaux des montagnes et des collines; qu'il occupe une immense superficie, sauf quelques interruptions; l'absence fréquente du tchernozème aux bords des rivières, lorsqu'elles sont de formation nouvelle; le fait qu'il diminue en épaisseur à mesure que le sol descend en terrasses vers la mer Noire; qu'il n'existe pas dans la steppe Ponto-Caspienne et sur les sables mouvants, sur lesquels le gazon croît rarement et avec difficulté; qu'il gît sur les premières élévations de l'Oural et du Caucase, beaucoup plus haut que le tchernozème des alentours, et qu'en général son niveau est très-inégal sur différents points de la région qu'il occupe; la transition imperceptible du tchernozème à la terre de gazon; la destruction complète de toute structure végétative et la présence seule des phitolitarias des graminées; les touffes noires comme le charbon; tous ces phénomènes et d'autres encore s'expliquent sans difficulté, et tous ensemble ou séparément prouvent que le tchernozème a été formé par la décomposition et la putréfaction du gazon.

Quant à la présence du tchernozème au midi de la Russie et à son absence au delà des limites septentrionales de la région du tchernozème, cela s'explique par la différence d'âge de ces deux régions. Cette supposition est confirmée par les faits suivants, fondés sur des observations : la steppe, le sapin et le tchernozème se trouvent en rapports réciproques très-définis, nommément la limite sud de la croissance du sapin se confond avec la limite nord du tchernozème et de la steppe. En outre la steppe se distingue par le caractère tout particulier de sa végétation. De nombreuses investigations de botanistes ont prouvé qu'un nombre déterminé de plantes caractéristiques atteint la limite nord du tchernozème sans la dépasser et que plus au nord ces plantes n'existent pas (*). De toutes ces plantes la stipe plu-

(*) Ces plantes sont: Stipa pennata, Adonis vernalis, Veronica incana, Linum flavum, Cerasus fruticosa, Serratula heterophyla et coronata, Centaurea Marschalliana et ruthenica, Scorzonera purpurea, Galatella punctata, Aster amellus, Hieracium virosum, Campanula sibirica, Phlomis tuberosa, Nepeta nuda, Echium rubrum, Falcaria Rivini, Trinia Henningi, Euphorbia procera, Lychnis chalcedonica, et elles indiquent directement la présence du tchernozème.

meuse (stipa pennata) joue parmi les graminées le rôle principal, parce qu'elle pousse en grandes masses. Les phitolitarias du tchernozème présentent une identité complète avec celles de la végétation des steppes et surtout avec les phitolitarias de la stipe brûlée. Les observations ont démontré que sur la limite nord de la région du tchernozème se rencontrent deux flores particulières ou deux régions de végétations différentes; la limite de ces deux régions est déterminée non-seulement par la limite de la croissance du sapin, mais encore par la différence de la végétation menue, par l'apparition du caractère des steppes. L'ancienneté de l'origine du tchernozème a été déterminée par les investigations faites par M. Ruprecht des tumulus qui se trouvent près de Tchernigow et dont le remblai se rapporte, d'après la tradition, aux temps de Baty (XIIIe siècle). Ces tumulus sont formés de sable sur lequel gît une couche mince, de 6 à 9 pouces, de terre noire provenant du gazon qui les recouvrait, tandis qu'aux alentours la couche de tchernozème offre une épaisseur de 2 à 5 pieds. Si une couche de 6 à 9 pouces s'est formée pendant 600 ans, il faut de 2,400 à 4,000 ans pour former une couche de 2 à 5 pieds d'épaisseur. L'ancienneté de l'origine du sol de la région méridionale est prouvée non-seulement par la présence du tchernozème sur toute son étendue (tandis que dans la région du nord la terre de gazon n'atteint nulle part l'étendue et l'épaisseur du tchernozème et n'a pas une couleur noire si prononcée), mais encore par l'absence des grands lacs et des marais, qui, dans le nord, se trouvent, au contraire, en si grand nombre. Il faut supposer que la Russie septentrionale était toute couverte d'eau beaucoup plus tard et ne possédait pas de végétation de terre ferme. La végétation actuelle du nord pousse ses racines, non pas dans un sol inorganique, mais dans l'eau ou dans une couche végétative (le limon ou la tourbe). C'est pourquoi M. Ruprecht suppose qu'il est indubitable que la flore du sapin de la région septentrionale de la Russie est beaucoup plus jeune que la végétation de la région du tchernozème. La première s'est formée sur l'eau, la seconde sur la terre ferme. Dans la région du tchernozème n'existe actuellement qu'une seule espèce d'arbres à feuilles aciculaires et spécialement le pin; quant au sapin il est enseveli dans la couche supérieure de la formation crayeuse de l'Ukraine, et couvert de dépôts maritimes miocènes tertiaires, de coquilles disparues, mais sans plantes; sur ce dépôt gît la couche diluviale contenant des détritus de mammouths et de rhinocéros, et enfin sur la surface gît le tchernozème.

Les limites sud et est du tchernozème coïncident aussi avec les limites de la terre ferme la plus ancienne et avec celles de la mer qui a baissé; c'est ainsi que sur les versants du Pont-Euxin, entre le Danube et le

Dnièpre, la couche de tchernozème change à mesure qu'elle se rapproche de la mer, et dans les localités qui en sont le plus rapprochées, le tchernozème ne s'est pas du tout formé, car le sol y est trop jeune; à l'est les limites de la formation caspienne ou du fond desséché de la mer Caspienne, couvert de salines, coïncident aussi complètement avec les limites de la région du tchernozème.

M. Ruprecht rapporte la formation du tchernozème à la période qui a précédé la période glaciaire, parce que les blocs erratiques apportés du nord par les glaces, et dispersés sur presque toute la moitié septentrionale de la Russie d'Europe, ne se voient nulle part dans la région du tchernozème, et leur limite coïncide presque avec la limite septentrionale du tchernozème.

Mais sur l'étendue décrite plus haut et occupée par la région du tchernozème, il a aussi dans différentes localités des qualités différentes tant par sa structure physique que par sa composition chimique. Dans certaines localités le tchernozème contient un plus ou moins grand alliage de chaux, dans d'autres il a un caractère argileux, sablo-argileux ou argilo-sablonneux. Toutes ces différences exercent souvent de l'influence sur la plus ou moins grande capacité du tchernozème à produire diverses plantes, comme par exemple, le froment, le seigle, etc. Dans les lieux bas, sur lesquels le tchernozème a été apporté par les eaux, des localités plus élevées, il a le caractère limoneux Tel est le tchernozème près du Volga, aux environs de la ville de Spassk, dans la vallée Bolgare, submergée autrefois par l'eau, dans le sol de laquelle on a découvert la présence de coquilles; tel est aussi le tchernozème de la vallée du Volga dans le gouvernement de Samara, en face des villes de Volsk et Syzrane. Le tchernozème conserve ce caractère limoneux tout le long du cours du Manytch, dans quelques localités du cours inférieur du Don, dans la vallée du Dnièpre lorsque ce fleuve traverse le gouvernement de Poltava, dans le territoire dit Tchernomoria près de la mer d'Azow, et surtout sur la presqu'île de Taman, ainsi que dans le gouvernement de Stavropol sur les versants inclinés vers la mer Caspienne, et dans quelques autres localités. Dans ces contrées on observe quelquefois la présence de salines.

A l'ouest, on rencontre quelques petites parcelles de tchernozème dans les limites du royaume de Pologne, à son extrémité méridionale. Côte à côte avec le tchernozème gisent là les sols les plus féconds: le sol marneux et argileux; au nord, dans tout le reste du royaume de Pologne, les terrains sablo-argileux et argilo-sablonneux sont ceux qu'on rencontre le plus souvent.

A l'est, le tchernozème passe en Sibérie, où on le trouve dans les parties méridionales du gouvernement de Tobolsk et de celui de Tomsk, et plus à l'est encore le long de l'extrémité sud de la Sibérie. Au nord de cette région se trouvent les forêts, et plus au nord encore les toundras; dans la Sibérie occidentale, au sud de la région du tchernozème, s'étendent les localités avec un sol plus ou moins sablonneux qui se prolonge jusqu'aux steppes d'Aral. Entre Omsk et Tomsk s'étend la steppe saline de Baraba. Dans les vallées de la Transcaucasie, à l'exception des côtes sablonneuses de la mer Caspienne et du cours inférieur de la Koura, le sol est souvent couvert de tchernozème, surtout la vallée entre Abass-Touman et Akhalzych. Le sol des montagnes est plus ou moins pierreux et l'agriculture est pratiquée sur leurs saillies jusqu'aux limites posées par les conditions climatériques.

Dans le but de déterminer la cause de la fertilité du tchernozème, il a été fait, et surtout très-récemment, un grand nombre d'analyses chimiques de ce terreau (*), pris dans différentes localités. A l'aide de ces analyses on a découvert dans le tchernozème, comparativement aux autres sols, une grande quantité de matières putréfiées. Quelques-unes de ces analyses ont révélé que les terrains de tchernozème contiennent plus de certaines matières minérales, indispensables aux plantes cultivées (acide phosphorique et potasse); d'autres ont trouvé que le tchernozème ne possède pas ces matières en plus grande quantité que les autres sols. Enfin presque tous les investigateurs ont reconnu que, si le tchernozème ne contient pas ces matières en plus grande quantité que les autres sols, du moins elles s'y trouvent dans des compositions chimiques dissolubles, et par conséquent, faciles à absorber par les plantes, et que le tchernozème contient de telles compositions chimiques plus que les autres sols, ce qui rend son exploitation facile et lucrative; et la présence d'une grande quantité de matières putréfiées facilite encore plus la possibilité de cette exploitation sans engrais, — à l'aide seule des agents naturels: la chaleur et l'humidité.

---

(*) Indiquons les principales analyses faites récemment: à l'Institut d'agriculture de Pétersbourg, à l'Université de Pétersbourg, à l'Académie d'agriculture de Pétrovsk à Moscou, et par Grandot, Reichardt, etc.

# III.

## CONDITIONS NATURELLES ET ÉCONOMIQUES DE L'AGRICULTURE EN RUSSIE.

Densité de la population. — Colonisation agricole. — Différentes régions de la Russie sous le rapport des conditions naturelles et économiques. — Région de l'assolement triennal. — Région du système libre des steppes. — Région des pays boisés.

La proportion de la population agricole en Russie est beaucoup plus grande que dans les autres pays de l'Europe. Le développement des villes, ainsi que celui de l'industrie, n'est comparativement pas grand en Russie, et la population rurale, même dans la Russie d'Europe, atteint 90 % de toute sa population.

La Russie est en général moins peuplée que les pays occidentaux de l'Europe. Il faut chercher les causes de cette différence: 1° dans les conditions moins favorables du climat, qui posent des bornes au développement de la population du nord; 2° dans les conditions du sol, qui déterminent l'impossibilité ou l'extrême difficulté de la culture et de la colonisation dans certaines localités, telles que les vastes étendues sablonneuses de la steppe aralo-caspienne, beaucoup de localités montagneuses et pierreuses du Caucase, de la Sibérie, de l'Asie centrale, de la Finlande, etc., enfin dans les causes historiques, vu que la colonisation de la Russie est plus récente, et s'est effectuée beaucoup plus tard que celle des autres pays de l'Europe.

La densité moyenne de la population est:

| | *Habitants* par verste c. | *Habitants* par mille c. |
|---|---|---|
| dans la Russie d'Europe de . . . . . . . . | 16,8 | 792 |
| au Caucase . . . . . . . . . . . . . . | 11,9 | 580,4 |
| dans les provinces de l'Asie centrale . . . . | 0,78 | 37,4 |
| en Sibérie . . . . . . . . . . . . . . | 0,3 | 14,6 |

De plus il faut remarquer que la densité moyenne de la population des différentes contrées, même dans la Russie d'Europe, est très-inégale. Tandis que quelques-unes de ses parties peuvent être regardées comme peuplées outre mesure par rapport au degré de développement de leur industrie et au système de culture qui y est adopté, d'autres au contraire, souffrent jusqu'aujourd'hui même, du manque d'habitants et de bras pour exploiter la terre et les richesses naturelles du pays. Le chiffre de la population des districts agricoles, même de la Russie d'Europe y compris les villes, flotte entre 5,1 et 360,2 habitants par verste carrée ou entre 247 et 17,435 habitants par mille carré; même la population rurale (qui, on peut dire, est presque toute agricole), à elle seule, varie dans sa densité entre 5 et 66 habitants par verste carrée. Cette répartition si inégale de la population dépend, comme nous l'avons déjà dit, non-seulement des conditions du climat et du sol, mais encore des causes historiques qui reposent sur l'histoire de la colonisation du territoire russe, et principalement de sa colonisation agricole, le pays étant éminemment agricole.

L'histoire de Russie, l'histoire de l'élargissement de son territoire et de l'extension de sa puissance, est en même temps celle de la colonisation agricole de la race slavonne sur l'étendue occupée aujourd'hui par la Russie. Sur tout ce territoire la culture agricole luttait constamment avec le genre de vie des nomades et des chasseurs, l'assujettissant peu à peu (*). Ce n'est qu'au prix de cette lutte que la Russie élargissait successivement ses possessions, en partant de la partie nord-ouest de la Russie d'aujourd'hui et s'enfonçant toujours plus loin dans les directions de l'est et du sud. La plus grande force de cette lutte était dirigée contre les nomades, dont les nombreuses hordes présentaient une force militaire redoutable. La lutte avec les tribus de chasseurs occupant le nord offrait moins de difficultés; ces tribus tombaient devant la culture agricole, s'assujettissant à elle; c'est pourquoi la première extension du territoire russe s'est effectuée dans les limites de la moitié septentrionale de la Russie, de la partie privée de tchernozème, couverte de forêts et de marais, et se dirigea au nord-est vers la Sibérie. Même l'occupation première du territoire, sur lequel l'histoire trouve le peuple russe, s'est aussi effectuée dans la région privée de tchernozème, au milieu des bois et des marais, le long des rivières qui se jettent dans le lac Ilmen, le long du cours supérieur du Dniépre, avec ses affluents, et de la Dvina occidentale,

(*) Exception faite d'un petit nombre de localités acquises récemment, dans lesquelles l'agriculture et la population sédentaire étaient développées avant leur annexion à la Russie, telles que la région occidentale de la Russie, le Caucase, la Crimée, les côtes de la mer d'Azow, les parties méridionales du Turkestan, l'extrémité sud-est de la Sibérie limitrophe avec la Chine.

qui formaient alors les seules voies. La principale de ces voies fluviales, qui menait du pays des Varègues dans la Grèce, était la ligne sur laquelle furent fondées les premières villes russes: Novgorod, Smolensk, Kiew.

La lutte avec les nomades qui occupaient depuis un temps immémorial les steppes au midi de la Russie, et qui se succédaient les uns aux autres pendant leur transmigration de l'Asie dans l'Europe occidentale, cette lutte était beaucoup plus difficile pour la Russie; les chances passaient tantôt d'un côté, tantôt de l'autre, et afin d'acquérir des terres qui de siècle en siècle étaient occupées par des hordes nomades toujours nouvelles, il fallut à la Russie soutenir pendant presque dix siècles une lutte continuelle et pénible, qui parfois l'assujettissait au joug des peuples nomades. Toute cette lutte, dès l'origine de la Russie, avait lieu presque sur les frontières de la région du tchernozème, qui était toujours occupée par les nomades. Beaucoup plus tard, lorsque les forces de ces nomades furent brisées, du temps des tsars moscovites, cette lutte se déplaça dans la région même du tchernozème, s'avançant peu à peu au sud-est et au sud. Les steppes couvertes de tchernozème, telles qu'était alors toute cette région, offraient d'excellents pâturages, presque déboisés, très-favorables à la vie des nomades avec leurs nombreux troupeaux de bêtes à cornes et de chevaux. Le climat tempéré de cette région, les hivers courts et sans neige à son midi, constituaient des conditions très-favorables à la vie des nomades. Voilà pourquoi la région du tchernozème leur était si chère et c'est aussi pour cela qu'ils ne voulaient point la céder à la culture agricole, soutenant une lutte continuelle afin de défendre ses extrémités septentrionales. La frontière sud de l'ancienne Russie dès sa naissance, lors du règne de ses premiers princes (Rurik, Oleg et Sviatoslaw), c'est-à-dire pas plus tard qu'au commencement du XIe siècle, passait un peu plus au sud de Kiew et montait ensuite dans la direction de Riazan, c'est-à-dire qu'elle longeait la limite septentrionale du tchernozème. Ce n'est que près de Riazan qu'elle commençait à s'éloigner de ce dernier, en montant vers le nord. Trois siècles plus tard elle longeait de même cette limite du tchernozème (de Peréiaslav à Riazan), mais de là elle se prolongeait déjà vers le nord-est, embrassant les nouvelles colonies russes, les territoires de Viatka et de Perm. Le premier déplacement de cette limite un peu au sud-est s'est effectué du temps de Dmitri Donskoy, dans le dernier quart du XIVe siècle, après quoi la région du tchernozème de la Russie d'Europe fut peu à peu conquise aux nomades et commença à se peupler, jusqu'à ce qu'elle fût définitivement et complètement occupée dans la dernière moitié du XVIIIe siècle. Voilà pourquoi l'agriculture s'est établie beaucoup plus tôt dans la région du nord-ouest, privée de tchernozème, et ensuite dans le territoire voisin des monts Ourals, que dans la région même du tchernozème. Plus tard l'agriculture s'est propagée dans la partie septentrionale du tchernozème, et enfin, du temps de l'Empire, elle s'est fixée dans la région des steppes, quoiqu'il y existe encore jusqu'à nos jours des nomades; en général la population n'y est pas nombreuse, et cette région possède encore des terres magnifiques qui ne sont pas du tout exploitées.

Au dire des annales historiques, le premier système d'agriculture en Russie consistait en ce qu'on coupait et brûlait les forêts, et sur le terrain de ces bois brûlés on semait les céréales sans engrais. Lorsque le champ s'épuisait, l'agriculteur passait dans d'autres terres, neuves, sur lesquelles il brûlait de nouveau le bois et semait les céréales jusqu'à ce qu'elles donnassent des récoltes. Ce système de culture a existé dans l'ancienne Russie, et existe jusqu'à présent en Sibérie, à l'extrémité boréale et dans les pays boisés (*polessié*) de la Russie d'Europe. Lorsque l'ancienne Russie se peupla, lorsque l'agriculture s'y fixa plus solidement, et que la population devint plus dense, on commença à fumer les champs, après quoi vint le système de l'assolement triennal ; les premiers renseignements, donnés par les annales historiques sur le fumage, datent du XVe siècle, et sur l'assolement triennal, du XVIe siècle. L'époque du développement de ce système dans la plus grande partie de la Russie d'alors, remonte à la fin du XVIe siècle et au commencement du XVIIe, et coïncide avec l'époque à laquelle les paysans furent attachés à la glèbe.

La partie septentrionale de la région du tchernozème s'est peuplée, dans sa plus grande étendue, au temps du servage, et le système d'assolement triennal est adopté aujourd'hui sur tout son territoire. Au contraire la partie méridionale de la région du tchernozème n'a commencé à se peupler notablement qu'au XVIIIe siècle, et jusqu'aujourd'hui encore elle est peu peuplée. Voilà pourquoi le système de culture, qui prédomine jusqu'à présent dans cette contrée, est le système libre des steppes, le système des jachères ou de l'assolement irrégulier, qui consiste en ce qu'on ensemence un champ nouveau quelques années de suite, tant que des grains de prix peuvent y donner de bonnes récoltes, après quoi on laisse reposer ce champ jusqu'à ce que la végétation des steppes y apparaisse de nouveau. Là où la population est plus dense et où il y a moins de terres, ces périodes de repos sont plus courtes, mais dans les localités qui possèdent beaucoup de terrain, les champs, après avoir été ensemencés 2 ou 3 ans de suite, restent souvent en jachère pendant 15 à 20 ans.

Le système triennal, pratiqué dans toute la moitié centrale, — la plus grande, — de la Russie, existe à l'ouest, — dans les provinces de la Lithuanie, les provinces Baltiques et le royaume de Pologne, mais dans les deux derniers on rencontre déjà souvent le système d'assolement alterne.

En Sibérie le système d'agriculture adopté sur le tchernozème est pour la majeure partie le système libre des steppes, et dans les contrées boisées celui du défrichement des bois.

La densité de la population dans différentes parties de la Russie se trouve en rapport direct avec les conditions naturelles et historiques de sa colonisation.

La partie occidentale et celle du centre de la Russie, dont la colonisation est plus ancienne que celle des autres parties, possède une population plus compacte, surtout dans ses localités les plus fertiles, couvertes de tchernozème, et dans sa partie industrielle située autour de Moscou. Le midi et le nord de la Russie ont comparativement une population insignifiante; la Sibérie est encore moins peuplée, et quant à ses parties du nord et du nord-est, elles sont presque dépourvues d'habitants. Les sables de la plaine Aralo-Caspienne sont aussi presque déserts.

## Les différentes régions de la Russie sous le rapport des conditions naturelles et économiques (*).

Les conditions naturelles et la densité de population divisent la Russie en plusieurs régions distinctes l'une de l'autre par le caractère de leur culture et le genre de vie de leurs habitants.

Dans la Russie d'Europe les régions principales sont: 1° celle qui pratique l'assolement triennal, 2° celle du système libre des steppes, et 3° celle où la culture triennale est constamment suppléée par le défrichement des bois pour les semailles.

La région de l'assolement triennal se divise à son tour en:

1) région septentrionale du tchernozème, pratiquant l'assolement triennal,
2) région agricole, privée de tchernozème (l'ancienne Russie),
3) région industrielle, située autour de Moscou, et
4) région limitrophe de l'ouest (le royaume de Pologne, la Lithuanie et les provinces Baltiques).

---

(*) Annuaire statistique de l'Empire russe, publié par le Comité Central de Statistique au Ministère de l'Intérieur, livre II. 1871. (Статистическій Временникъ Россійской Имперіи, выпускъ II. 1871 г.

La région pratiquant le système libre des steppes est composée de:

1) la région des steppes, avec un sol de tchernozème, au sud et au sud-est de la Russie,
2) les régions situées aux pieds des montagnes du Caucase et de la Crimée, et
3) la région située près des monts Ourals, couverte en partie de tchernozème et en partie d'un sol sablo-argileux.

La région des défrichements dans les forêts contient les pays boisés (polessié):

1) Novgorodo-Finnois,
2) de Pinsk,
3) de Vologda-Viatka, et
4) l'arrondissement des usines métallurgiques de l'Oural.

Enfin à l'extrémité sud-est se trouve la région des nomades, et à l'extrémité nord de la Russie d'Europe vivent jusqu'à présent des tribus de chasseurs.

Examinons de plus près les conditions des différentes régions.

### a) La région de l'assolement triennal.

1) *La région de l'assolement triennal du tchernozème.* La limite septentrionale de cette région coïncide avec la limite septentrionale du tchernozème, et sa limite méridionale passe par les localités dont la densité de population baisse au dessous de 25 habitants par verste carrée et dans lesquelles règne la culture libre des steppes. Toute cette région a une étendue de presque 585,945 verstes carrées (12,110 milles carrés). Elle comprend: la Podolie, les districts méridionaux de la Volhynie, la plus grande partie du gouvernement de Kiew, la partie septentrionale de la Bessarabie, presque tout le gouvernement de Poltava, les districts méridionaux du gouvernement de Tchernigow, presque tout le gouvernement de Kharkow et celui de Voronége, les gouvernements de Koursk, de Penza et de Simbirsk, la partie orientale du gouvernement d'Orel, la plus grande partie de celui de Toula et de Tambow et la moitié méridionale du gouvernement de Riazan, la partie septentrionale du gouvernement de Saratow, les confins sud-est du gouvernement de Nijni-Novgorod, la moitié sud de celui de Riazan et une partie du gouvernement de Samara. La densité moyenne de population dans

cette région varie dans différents districts entre 25,7 et 57,1 habitants par verste carrée, et pour toute l'étendue la moyenne est de 39,5. Les localités les plus peuplées de cette région se trouvent, d'abord, à ses confins occidentaux, à partir de la rive droite du Dnièpre; et ensuite dans la partie septentrionale du tchernozème, à partir de la rive gauche du Dnièpre dans la direction de Moscou. Les localités les moins peuplées sont situées au midi et surtout au sud-est et à l'est de la région.

Toute cette région est la contrée la plus productive et la plus fertile de la Russie; elle donne à la population un surplus notable de céréales et constitue, de concert avec la steppe de tchernozème, le principal grenier de la Russie. Cette contrée est suffisamment arrosée. Une partie immense des terrains est occupée par les champs; le bois n'occupe environ que 15 % de toute l'étendue (dans la partie au delà du Dnièpre 15 %, dans celle de la Petite-Russie 8 %, dans celle du centre 10 % et dans celle de l'est 25 %). La densité de la population, ayant dans toutes les localités de cette région plus de 25 habitants par verste carrée, et étant en moyenne de 40 habitants par verste carrée, le système d'agriculture, adopté dans cette contrée, est celui de l'assolement triennal, car il y a trop peu de terres pour pratiquer le système libre des steppes. Dans les localités les plus peuplées, qui ont plus de 40 habitants par verste carrée, le manque de prairies se fait sentir; c'est pourquoi l'élève du bétail y est peu développée et ne suffit qu'aux besoins de la population locale, mais elle l'est encore assez, et même notablement, dans les localités dont la densité de population ne surpasse pas de beaucoup 30 habitants par verste carrée. Des céréales d'hiver, c'est le seigle qui prédomine dans la partie nord-est de la région, et il ne donne place au froment que partiellement dans les localites sud et sud-ouest de cette région. Dans les champs d'été on sème l'avoine et une assez grande quantité de sarrasin et de millet. L'usage de fumer les champs, quoique très modéré, est répandu dans toute la région, sauf les localités qui sont récemment sorties de la région des steppes ou celles qui sont en général moins peuplées. Les bâtisses en bois prédominent dans toute la contrée et c'est seulement dans les districts qui forment une transition à la région des steppes, qu'elles sont en partie suppléées par des maisons de bousillage. L'emploi du bois de chauffage n'est pas répandu dans les villages, et le combustible y consiste en paille, en écorces de sarrasin, en fumier, etc. La partie sud-ouest de cette région, jouissant de conditions climatériques plus favorables et du voisinage de la mer Noire, ainsi que de la frontière occidentale, se trouve dans une position plus avantageuse par rapport à sa capacité de contenir une plus grande population, d'autant plus que, grâce à une certaine quantité de combustible qu'elle possède, l'industrie du sucre de betterave, étroitement liée à l'agriculture, s'est développée dans de larges proportions, côte à côte avec cette dernière. Dans cette contrée on remarque aussi le développement de petits bourgs habités par des juifs. Voilà les causes qui font que cette partie de la région est plus peuplée que les autres. La densité moindre de la population aux confins méridionaux de la région et dans sa partie orientale s'explique par le fait que ces localités furent peuplées et passèrent récemment à la vie sédentaire, particulièrement au XVIIIe siècle, et jusqu'à la soumission de la Crimée et des contrées situées aux pieds du Caucase et des steppes Kirghizes, elles souffraient des invasions des nomades, qui mettaient des bornes infranchissables au développement de la vie sédentaire.

2) *La région agricole privée de tchernozème* est située au nord de la première et embrasse le territoire sur lequel s'est primitivement établie la domination russe. Elle comprend: la plus grande partie du gouvernement de Smolensk et de celui de Mohilew, une partie des gouvernements de Kalouga, d'Orel, de Vitebsk et de Pskow. A ce territoire appartenaient aussi les parties moins boisées du gouvernement de Novgorod et la partie septentrionale du gouvernement de Kiew (les districts de Kiew et de Radomysl); mais ces parties du gouvernement de Novgorod, ainsi que le district de Radomysl, ayant le caractère des pays boisés, nous les avons placés au nombre de ces derniers, et le district de Kiew parmi ceux de la région du tchernozème. Tout le reste de ce territoire, occupé jadis par l'ancienne Russie, présente une contrée, quoique infertile, dans laquelle, néanmoins, l'agriculture constitue la principale, si ce n'est même l'exclusive branche d'industrie des habitants. Le sol de cette région est en général sablo-argileux ou argilo-sablonneux, peu fécond, quoique plus favorable à l'agriculture que celui des pays boisés. Les bois y occupent 35 % de toute son étendue. Le système d'agriculture adopté dans cette région est celui de l'assolement triennal avec engrais; du reste, dans les localités qui produisent du chanvre, une grande partie de l'engrais est mise sur les chénevières. Cette région non-seulement ne produit aucun excédant de céréales d'hiver, mais encore ces dernières ne peuvent suffire aux besoins de la population; mais elle produit un certain excédant de céréales d'été, et principalement d'avoine. En outre la culture des plantes textiles est développée dans les localités possédant les terres les meilleures et les plus fumées: le lin est cultivé au nord-est et le chanvre au sud-ouest de la région. Cette région est abondamment arrosée. La densité de sa population varie entre $20,_2$ et $29,_9$ habitants par verste carrée; en moyenne elle est de $24,_4$ par verste.

3) *La région industrielle* comprend les localités situées autour de Mos-

cou et qui appartenaient jadis à la Russie Moscovite, à savoir : le gouvernement de Moscou, presque tout le gouvernement de Iaroslaw et celui de Vladimir, une partie des gouvernements de Toula, de Kalouga, de Smolensk, de Tver, de Kostroma, de Nijni-Novgorod, de Tambow et de Riazan. En raison d'un sol peu fertile, d'une assez grande agglomération de population, de céréales insuffisantes aux besoins des habitants, ainsi que grâce au voisinage de la région centrale du tchernozème féconde en céréales, l'industrie s'est développée dans cette région en plus grandes proportions que dans toute autre partie de l'Empire. Les meilleurs représentants de cette région industrielle sont le gouvernement de Moscou, une grande partie du gouvernement de Vladimir, une partie des gouvernements de Nijni-Novgorod, de Kostroma, de Iaroslaw et même quelques districts des gouvernements de Tver et de Riazan (comme par exemple les districts de Tver et d'Egorievsk). Ces localités présentent les meilleurs types de la région industrielle, parce que l'industrie manufacturière s'y est développée en dimensions assez grandes. Dans d'autres localités, par exemple dans quelques districts des gouvernements de Vladimir, de Iaroslaw et de Tver, la petite industrie est développée en très grandes dimensions, et dans quelques districts des gouvernements de Iaroslaw, de Kostroma, de Kalouga et de Riazan une assez grande partie de la population mâle va chaque année chercher du travail dans les capitales et ailleurs. La région industrielle a une étendue de 252,206 verstes carrées ou 5,212 milles carrés. La densité de sa population varie entre 30,9 et 57,3 habitants par verste carrée, en moyenne elle est de 35 habitants par verste. Les forêts y occupent en moyenne 32 % de toute son étendue, mais dans plusieurs localités elles sont déjà assez détruites. Il faut encore ajouter à la région industrielle la localité des environs de St-Pétersbourg, qui comprend les districts très peuplés de St-Pétersbourg, de Tsarskoé-Sélo et de Péterhof.

4) *La région limitrophe de l'ouest* (le royaume de Pologne, la Lithuanie et les provinces Baltiques) comprend toutes les localités de la Russie d'Europe privées de tchernozème et situées près des frontières occidentales; ces localités, grâce à une étendue suffisante de forêts (en moyenne 30 %), à un sol assez fertile et à des systèmes d'agriculture assez bons, assurent les besoins de la population et produisent encore un surplus même de céréales d'hiver, et, par conséquent, un surplus encore plus grand de céréales d'été; de plus, l'industrie linière y est plus ou moins développée. Plusieurs propriétaires de cette contrée pratiquent, dans leur économie, le système d'assolement alterne, surtout dans le royaume de Pologne et dans les provinces Baltiques. Parmi toutes les localités de cette région il faut citer en premier

lieu le royaume de Pologne, dont la population est très dense; mais il faut y ajouter les gouvernements de Grodno, de Vilna et de Kovno, la Courlande, la Livonie, deux districts du gouvernement de Vitebsk, qui se distinguent par leur fertilité relative, trois districts du gouvernement de Minsk (ceux de Minsk, de Sloutsk et de Novogroudok) qui présentent un contraste frappant avec les autres districts peu peuplés du même gouvernement; et enfin la partie privée de tchernozème de la Volhynie, sauf le district d'Ovroutch, qui, en raison de son sol sablonneux et marécageux, de ses forêts continues, et de ce qu'il est presque désert, porte le caractère du pays boisé de Pinsk. Les confins occidentaux, renfermés dans les limites des contrées susmentionnées, occupent une superficie de 342,252 verstes carrées ou 7,073 milles carrés La population moyenne de cette région est de 34,8 habitants par verste carrée.

### b) La région du système libre des steppes.

*La région du tchernozème des steppes* s'étend au sud de la région de l'assolement triennal, dans la partie méridionale et celle du sud-est de la Russie. Elle comprend les localités dont le sol est de tchernozème, qui sont presque complètement déboisées, ou ne possèdent pas plus de 10% de forêts, et où l'on pratique principalement le système libre des steppes, qui devient presque impossible lorsque la densité de population monte au-dessus de 25 habitants par verste carrée, car dans ce cas il y a un manque de jachères et alors ce système donne peu à peu place à l'assolement triennal. C'est pourquoi la limite septentrionale de la région du tchernozème des steppes passe par les localités dont la densité de population monte au-dessus de 25 habitants par verste et où sa limite méridionale coïncide avec la limite du tchernozème. Dans ces limites la région du tchernozème des steppes s'étend sur une superficie d'environ 644,000 verstes carrées (11,118 milles c.). Sa population moyenne est de 14,5 habitants par verste carrée. Cette région produit un grand excédant de céréales, dont une partie, avec les produits de la région du système triennal, va au nord pour suppléer au manque d'aliments qu'éprouvent la région privée de tchernozème de la Russie et la Finlande; mais la plus grande partie de ce surplus est exportée à l'étranger par les ports de la mer Noire et ceux de la mer d'Azow. La principale des céréales cultivées dans cette région et exportée à l'étranger, est le froment et surtout le froment d'été. Dans la partie orientale de cette contrée on cultive beaucoup de graines de lin. En outre, cette région produit beaucoup de bétail, dont le surplus, avec le bétail des nomades des steppes, alimente le nord de la

Russie. L'élève des brebis y est aussi développée et la laine de ces dernières se vend en Russie et à l'étranger.

Il faut compter aussi au nombre des contrées qui constituent cette région, les localités situées au pied des montagnes: au nord du Caucase et dans la Crimée; elles ne souffrent pas du manque de grains, mais, au contraire, leurs parties les plus belles et les plus favorisées, surtout la steppe du Caucase du nord qui embrasse le pays du Kouban, une partie du pays de Terek et du gouvernement de Stavropol, possédant un sol fertile de tchernozème, donnent un surplus notable de céréales, dont la plus grande partie est exportée à l'étranger par les ports de la mer d'Azow. On y élève aussi beaucoup de brebis. Le territoire de la presqu'île de Crimée et celui du nord du Caucase occupent une superficie d'environ 160,000 verstes carrées, ou à peu près 3,300 milles carrés. La population de la Crimée a pour moyenne 14,9 habitants par verste carrée et celle de la partie agricole du nord du Caucase ne dépasse pas 7 habitants par verste carrée. Il faut encore ajouter à cette région une petite localité, possédant un sol de tchernozème sablo-argileux, qui constitue une transition du territoire de tchernozème au pays boisé de l'Oural, tant par son sol (qui est en partie de tchernozème, en partie sablo-argileux, transitoire du tchernozème au sol des bois de l'Oural) que par sa culture. Le surplus de céréales que produit cette localité (de seigle et de céréales d'été) la rapproche des régions du tchernozème, et une assez grande proportion de forêts (50 %) de celle des pays boisés. Le système de culture, adopté dans cette localité, a ses particularités, à savoir qu'il est soutenu par des défrichements de bois, et dans ce cas les endroits qui ont été déjà exploités, et qui se couvrent de buissons, jouent le rôle des jachères dans les steppes. Cette localité comprend la plus grande partie du gouvernement d'Oufa, les districts fertiles du gouvernement de Viatka et aussi le district d'Ossa du gouvernement de Perm, et occupe une superficie de 149,988 verstes carrées (presque 3,100 milles carrés). Sa population a une moyenne de 16,5 habitants par verste.

### c) La région des pays boisés.

Dans cette région l'assolement triennal existe simultanément avec le système de défrichement des bois pour les semailles. Les branches d'industrie rattachées à l'exploitation des bois, et en partie la chasse, sont développées dans tous les pays boisés, ainsi que l'élève du bétail.

1) *Le pays boisé Novgorodo-Finnois* comprend les localités couvertes d'une grande quantité de bois, qui y occupe 50 % de toute la superficie, et de

vastes étendues de marais déboisés; le sol de ces localités est privé de tchernozème et plus infertile que celui des régions avoisinantes; l'agriculture y est moins développée que dans les localités déboisées de la Russie. Un superflu de bois et de marais rend la contrée humide. Le manque de blé y est assez grand et le pays complète ses provisions avec le blé que lui donnent les régions du tchernozème. Il n'y a que très-peu de localités qui récoltent assez d'avoine pour en vendre. Il n'existe pas dans cette contrée de culture du chanvre; la culture du lin y atteint même de très-petites dimensions. Cette région comprend une partie des gouvernements de Pskow, de Vitebsk et de Smolensk, deux districts les plus déserts du gouvernement de Tver, l'Esthonie, le gouvernement de St-Pétersbourg (sauf les districts voisins de la capitale), la plus grande partie du gouvernement de Novgorod, le district de Velsk du gouvernement de Vologda, le gouvernement d'Olonetz (sauf deux districts déserts, de Povenetz et de Poudoge), la Finlande (sauf le gouvernement le plus septentrional, celui d'Uléaborg, qu'on classe, de concert avec les deux districts susmentionnés du gouvernement d'Olonetz, dans la région des confins nord de la Russie). Dans ces limites le pays boisé Novgorodo-Finnois occupe une étendue de 455,654 verstes carrées ou 9,417 milles carrés; il a une population de 9,3 habitants par verste carrée.

2) *Le pays boisé de Pinsk* est la contrée la plus déserte, la moins productive de toute la Russie moyenne, couverte de forêts presque continues (elles y occupent 60 °/o de toute la superficie) et de vastes étendues de marais. Elle comprend la plus grande partie du gouvernement de Minsk (sauf trois districts qui sont classés dans la région limitrophe de l'Ouest), un district du gouvernement de Kiew et un district de la Volhynie. Elle occupe une étendue de 81,953 verstes carrées ou 1,693 milles carrés. Sa population moyenne est de 11,6 habitants par verste carrée.

3) *Le pays boisé de Vologda-Viatka* comprend les localités situées au nord de la région industrielle du centre et, quoiqu'il soit encore plus riche en forêts (70 °/o) que le pays boisé Novgorodo-Finnois, il est cependant moins marécageux, possède un meilleur sol, quoique privé de tchernozème, et l'agriculture y existe avec plus de succès. Cette région comprend le gouvernement de Vologda (sauf les districts les plus déserts d'Oustssysolsk, de Jarensk et de Solvytchegodsk, qui appartiennent à la région des confins nord, et celui de Velsk), le district de Tcherepovetz du gouvernement de Novgorod, celui de Pochekhone du gouvernement de Iaroslaw, ceux des districts des gouvernements de Kostroma et de Nijni-Novgorod qui ne font pas partie de la région industrielle, deux districts privés de tchernozème du gouvernement

de Kazan et les districts privés de tchernozème du gouvernement de Viatka, à savoir ceux de Viatka, d'Orlow et de Kotelnitch. Cette région occupe une superficie de 202,708 verstes carrées, ou 4,189 milles carrés. Sa population moyenne est de 11,4 habitants par verste carrée.

4) *Le pays boisé de l'Oural* comprend les localités possédant un sol moins fertile; elles sont en grande partie montagneuses et accidentées, car la majeure partie de ce pays occupe les monts Ourals et leurs ramifications, riches en minerais (de fer, de cuivre, de nickel), en sable aurifère, en sources salées, en houille, ce qui détermine le grand développement de l'exploitation des mines dans ce pays. Il faut compter au nombre des contrées qui occupent cette région: le gouvernement de Perm (à l'exception du district désert de Tcherdyne, de trois districts méridionaux et du district d'Ossa), les districts de Glasow et de Slobodskoï du gouvernement de Viatka, dans le gouvernement d'Oufa les districts de Sterlitamak et de Zlatooust, situés le long de la chaîne de l'Oural, et dans le gouvernement d'Orenbourg les districts d'Orsk et de Verkhneouralsk, quoique la moitié de ce dernier ait déjà tout à fait le caractère des steppes. Dans ces limites, le pays boisé de l'Oural s'étend sur une superficie de 340,265 verstes carrées ou 7,032 milles carrés. La moyenne de sa population est de 6,9 habitants par verste carrée.

Cette région manque de blé, qui lui est apporté du sud-est de la Sibérie. L'élève du bétail y est suffisamment développée.

Enfin *la région des confins septentrionaux* comprend un pays de forêts presque continues qui recouvrent toute l'étendue jusqu'aux limites boréales de la végétation forestière, au delà desquelles s'étendent les toundras déboisés et stériles, propres seulement à élever le renne. Ces forêts occupent moins de 60 % de toute la superficie, y compris les toundras. Les contrées constituant cette région sont les localités les plus désertes et les plus boréales de la Russie d'Europe, à savoir tout le gouvernement d'Arkhangel, trois districts nord-est du gouvernement de Vologda, le district de Tcherdyne du gouvernement de Perm, deux districts nord-est du gouvernement d'Olonetz et le gouvernement d'Uléaborg. Comprise dans ces limites, la zone des confins septentrionaux est dans tout l'Empire la région la plus vaste; elle s'étend sur une superficie de 1,140,706 verstes carrées, ou de 23,575 milles carrés. L'agriculture y est tout-à-fait insignifiante et se borne à la production de l'orge presque seul. La principale occupation des habitants de cette région est la chasse. La moyenne de sa population est de 0,7 habitant par verste carrée.

Aux confins sud-est de la Russie vivent *les nomades* qui occupent la plus grande partie du gouvernement d'Astrakhan (les Kirghizes et les Kalmouks), une partie du pays du Don (les Kalmouks) et le littoral de la mer Caspienne dans le gouvernement de Stavropol (nomades sous différentes dénominations). Tous ces nomades vivent du produit du bétail, mais il y en a cependant qui commencent déjà à s'occuper d'agriculture. La population de ces steppes a pour moyenne à peu près un habitant par verste carrée et leur étendue est d'environ 240,000 verstes carrées.

A l'est ces camps de nomades se joignent à ceux de l'Asie centrale, qui occupent une immense étendue dans le Turkestan, où l'agriculture et la vie sédentaire n'existent comparativement qu'en fort peu de localités. La population moyenne de toutes les possessions russes dans l'Asie centrale est de 4,1 habitants par verste carrée. La Sibérie est encore moins peuplée et n'a que 0,3 habitant par verste carrée.

La population de la Trancaucasie a pour moyenne 16,7 habitants par verste carrée.

La Transcaucasie et la Sibérie produisent assez de blé et de bétail pour s'alimenter à elles seules. La Sibérie en fournit même une partie au Turkestan et à la Russie d'Europe.

# IV.

## PROPRIÉTÉ FONCIÈRE.

Répartition de la propriété foncière. — Origine de la propriété foncière privée. — Organisation territoriale des paysans.—Bases générales de l'émancipation des serfs.—Prix des terres. (*)

---

En Russie les principaux propriétaires fonciers sont : l'Etat, les particuliers, les villes, les monastères, les apanages impériaux, les paysans et les cosaques. En outre, d'assez grandes étendues de terrain appartiennent jusqu'à présent, même dans la Russie d'Europe, aux tribus nomades qui les occupent encore ; telles sont : les Kirghizes, les Bachkirs, les Kalmouks, etc., au sud-est et à l'est, les Samoyèdes et les Lapons au nord. Dès les temps les plus reculés, les terrains inoccupés constituaient la propriété de l'Etat ; à différentes époques certaines parties de ces terres étaient occupées et colonisées par les paysans et les cosaques ; d'autres parties étaient accordées aux villes, données comme gratifications aux personnes privées, aux monastères, concédées à des colons étrangers, etc. Les terres restées jusqu'aujourd'hui dans la possession de l'Etat consistent principalement en forêts, dont la plus grande partie se trouve dans la région peu habitée du nord de la Russie d'Europe, en territoires plus ou moins grands dans la région des steppes, encore inoccupés par la population, et en portions de terre restées après la distribution des lots aux paysans. La plus grande partie des terres se trouve dans la région de l'est et dans celle du sud de la Russie, qui sont les régions les moins peuplées.

La propriété privée s'est formée en Russie dès la naissance de l'Etat : d'abord elle s'établissait par droit d'exploitation, ensuite au moyen de gra-

---

(*) *Matériaux:* Règlements relatifs à l'émancipation.—Données officielles de statistique.—Rapport de la Commission d'enquête sur l'état actuel de l'agriculture en Russie, etc.

tifications, d'achats, d'héritages, etc. La propriété privée était déjà développée dans la période des princes apanagés; ensuite, au fur et à mesure que la Russie conquérait de nouveaux territoires, la propriété s'y établissait aussi et s'étendait de plus en plus loin, au sud et à l'est. En même temps s'élargissaient aussi les possessions des villes, des monastères, etc. Presque tous ces genres de propriétaires avaient jusqu'en 1861 le droit de propriété sur les paysans qui vivaient sur leurs terres.

Jusqu'à l'année 1861, les paysans n'étaient pas regardés comme propriétaires des terres qu'ils occupaient. Ces terres, au contraire, étaient considérées comme appartenant à l'Etat, ou aux apanages impériaux, ou aux personnes privées (*). En vertu des réformes qui ont eu lieu sous le règne actuel, les paysans, ci-devant serfs, libérés du servage, ont acquis un droit sur les terres qu'ils cultivaient. Ce même droit a été acquis aussi par les paysans des apanages impériaux et, enfin, par les paysans de l'Etat, qui vivaient sur les terres de la Couronne.

Les principales bases sur lesquelles s'est effectuée l'organisation territoriale de ces paysans sont celles-ci:

En vertu de la loi du 19 février 1861, les paysans ci-devant serfs, ayant acquis la liberté individuelle, les droits civils, le droit d'administration municipale et de juridiction, acquirent en même temps le droit de jouir des terres sur lesquelles ils vivaient (droit restreint cependant à un maximum d'étendue du lot réservé à chaque habitant mâle), ou même celui de racheter leurs lots en pleine propriété avec le consentement du propriétaire; dans les cas de rachat le gouvernement vient en aide, en payant au propriétaire les quatre cinquièmes de la valeur de ses terres, d'après une évaluation établie par la loi.

Les dimensions des lots assignés par la loi à chaque habitant mâle diffèrent selon la densité de la population et la qualité de la terre. Dans la région du tchernozème, pratiquant l'assolement triennal et possédant la population la plus dense, le maximum de l'étendue du lot auquel avait droit le paysan était de $2,_{75}$ à $3,_{50}$ dessiatines (**) par habitant mâle. Si le paysan possédait auparavant une étendue de lot moindre que ce maximum, il devait s'en tenir à cette quotité. Dans la région moins peuplée du tchernozème des steppes ce maximum, assigné par la loi, est plus élevé, et dans les localités les moins peuplées il atteint même jusqu'à 12 dessiatines par paysan mâle.

(*) Le nombre des paysans propriétaires était alors des plus insignifiants.

(**) Une dessiatine — $2,_{09973}$ acres anglais — $4,_{2789}$ morgens prussiens — $1,_{09250}$ hectares.

Plus au nord, dans la région moyenne, privée de tchernozème, l'étendue des lots assignés par la loi est de 3,5 à 5 dessiatines par habitant mâle. Encore plus au nord, dans les localités moins peuplées les lots sont plus grands.

Les lots les plus petits ont été reçus par les paysans de la Petite-Russie, et par les paysans des gouvernements de la Grande-Russie situés dans la région du tchernozème, pratiquant l'assolement triennal, là où la population est le plus dense et où les terres sont le plus coûteuses. Tels sont les gouvernements de Koursk, d'Orel, de Toula, de Riazan, de Tambow, de Simbirsk et la partie septentrionale du gouvernement de Voronége. Dans ces gouvernements la moyenne des lots constitue de 2 à 3 dessiatines. Dans le gouvernement de Poltava la moyenne des lots est même au-dessous de 2 dessiatines. En outre, beaucoup de paysans dans cette région, ayant renoncé à leur droit sur les lots, reçurent en don, du propriétaire, leurs métairies. En Sibérie, la dimension des lots assignés aux paysans ci-devant serfs est de 8 à 15 dessiatines.

En échange du droit de jouir des lots de terrain qui furent concédés aux paysans, la loi assigna au profit des propriétaires une certaine redevance en argent (le soi-disant *obrok*), ou en travaux agricoles d'une dimension déterminée. La moyenne de l'obrok assigné pour chaque lot de terrain constitue presque partout 9 roubles (36 francs). Dans peu de localités elle est de 8 roubles; et dans quelques-unes seulement, situées dans le voisinage des grandes villes, elle monte jusqu'à 10 et 12 roubles.

Cet obrok est considéré comme prix normal lorsqu'on évalue les lots pour le rachat. La somme du rachat est précisée par la capitalisation de cet obrok à raison de six pour cent, et le gouvernement, comme nous l'avons dit, avance aux paysans les quatre cinquièmes de la valeur totale du rachat. Pour amortir cette dette les paysans paient à la Couronne pendant 49 ans ce même intérêt, de six pour cent, c'est-à-dire 7 roubles 20 cop. (28 francs 80 cent.) par lot. Le mode de payement au propriétaire du cinquième restant sur le prix du rachat dépend du consentement mutuel entre le propriétaire et les paysans.

Le rachat des terres des paysans marche assez rapidement et pour l'an 1876 plus des deux tiers des anciens serfs dans les gouvernements de la Grande, de la Nouvelle et de la Petite-Russie ont déjà racheté leurs terres en pleine propriété. Le rachat des terres s'est effectué encore plus rapidement dans le gouvernement de Kiew, dans la Podolie, la Volhynie, la Lithuanie, la Russie-Blanche et le royaume de Pologne, où le rachat des terres des paysans fut général et obligatoire. Dans ces dernières provinces l'évaluation des terres des paysans est un peu moins élevée que dans les gouvernements de la Grande et de la Petite-Russie; et c'est par ce motif que les redevances des paysans pour leurs terres y sont plus faibles, d'autant plus que les paysans n'y paient pas au propriétaire la cinquième partie du rachat.

Les paysans qui n'ont pas racheté leurs terres paient aux propriétaires l'obrok pour ces terres, ou bien ils accomplissent sur le domaine du propriétaire des travaux déterminés par la loi. Le nombre de ces derniers paysans diminue constamment, tant par la conversion de leur corvée en obrok (ce qu'ils sont en droit d'exiger), que par le rachat des terres.

Les ci-devant paysans des apanages impériaux ont reçu les terres par le rachat sous des conditions presque pareilles à celles du rachat des ci-devant serfs des propriétaires, c'est-à-dire avec l'obligation de payer à la Couronne l'obrok pendant 49 ans. Leurs lots sont un peu plus grands que ceux rachetés par les paysans des propriétaires, dans les mêmes gouvernements, et leurs redevances pour la terre sont moindres.

Enfin les paysans appartenant ci-devant à l'Etat ont reçu les terres à titre de paysans-propriétaires, avec l'obligation de payer une redevance déterminée en argent. Leurs lots sont en moyenne plus grands que ceux des paysans susmentionnés et les payements pour les terres moindres.

Dans la Russie d'Europe, sauf le royaume de Pologne, les provinces Baltiques et la Finlande, on comptait, avant l'émancipation, près de 10 millions de paysans mâles, serfs des propriétaires. Le nombre des paysans de l'Etat dépassait 9 millions et celui des paysans des apanages impériaux était de 860,000 habitants mâles. En outre près de 250,000 colons étrangers jouissent de terres appartenant à l'Etat et leurs lots sont plus grands que ceux des paysans.

Dans le royaume de Pologne les paysans jouissaient de la liberté individuelle dès l'an 1807, et accomplissaient, comme redevance pour la terre qu'ils occupaient, des travaux au profit du propriétaire ou de la Couronne. Vers l'an 1860 le nombre des paysans propriétaires dans le royaume de Pologne était environ de 22,000 habitants mâles, celui des paysans qui occupaient les terres des propriétaires, de 1,561,000, celui des paysans de la Couronne de 435,000, celui des paysans sans terre de 1,397,000. Dans l'espace des onze dernières années, les paysans qui jouissaient des terres appartenant aux propriétaires, ainsi que de celles de la Couronne, ont reçu le droit de racheter ces terres sous des conditions presque analogues à celles du rachat des paysans de la Lithuanie et de la Russie Blanche.

Les paysans des provinces Baltiques ont reçu en 1816, 1817 et 1819 la liberté individuelle, mais sans terres, lesquelles sont restées presque en entier entre les mains de la noblesse. Les paysans pouvaient prendre des terres en location chez les propriétaires avec consentement mutuel. Ces conditions les mettaient dans une position pénible, et c'est pourquoi le gouvernement a pris dans ces derniers temps des mesures afin de garantir les paysans contre le manque de terre, de s'opposer à l'accroissement de leurs impôts au-delà de certaines limites, et de leur donner la possibilité d'acquérir des terres, ne fût-ce que peu à peu.

En Finlande, les paysans ont toujours été libres et jouissaient des droits sur la terre aussi bien que les autres classes. Mais une certaine partie seulement des paysans possédait des terres; les autres vivent jusqu'à présent ou sur les terres de la Couronne, en payant un certain impôt, ou bien sur les terres des propriétaires moyennant une redevance en corvée ou en argent. Les paysans qui occupent les terres de la couronne, ont le droit de racheter ces terres. Les terres que possèdent les paysans en Finlande ou dont ils jouissent constituent 58°/o de toutes les terres.

Au Caucase existaient toutes les formes de la sujétion féodale, en commençant par l'esclavage absolu; il y avait aussi des demi-esclaves; il y avait même des hommes libres qui étaient en même temps dépendants par suite des conditions de territoire ou de castes. Toutes ces formes de sujétion ont été abolies sous le règne actuel à l'aide du rachat des classes assujetties (moyennant des travaux ou de l'argent). Enfin dans les gouvernements de Tiflis et de Koutaïs, et en Mingrélie, existait le servage, qui fut aboli aussi sous le règne actuel, sur des bases analogues à celles sur lesquelles l'émancipation s'est effectuée en Russie.

La propriété foncière dans la Russie d'Europe (sauf le royaume de Pologne) est répartie à peu près de la manière suivante: De toutes les terres constituant la superficie de la Russie d'Europe et regardées comme susceptibles de culture, un tiers appartient aux paysans de toutes les dénominations; le second tiers constitue la propriété des particuliers, des apanages impériaux, des villes, des monastères, etc., et enfin le dernier tiers, y compris les forêts, appartient à l'Etat.

Les possessions les plus vastes de la Couronne se trouvent, comme nous l'avons déjà dit, au nord de la Russie et consistent pour la plupart en immenses étendues de forêts. Les plus grands territoires cultivables se trouvent aux confins est, sud-est et sud de la Russie d'Europe.

Les terres des propriétaires particuliers occupent dans les provinces Baltiques (où elles constituent 72°/o de toute la superficie) une étendue proportionnelle plus considérable que dans toutes les autres contrées de l'Empire. Ensuite les propriétés des particuliers sont considérables dans tous les gouvernements de l'ouest et dans le royaume de Pologne; elles le sont moins dans les gouvernements moyens et sud de la Russie. Au nord, et aux confins de l'est de la Russie, dans le pays du Don et au nord du Caucase la propriété foncière des particuliers est le moins développée. Les grandes propriétés se concentrent principalement dans les gouvernements de l'ouest, ainsi que dans les gouvernements de Samara, de Saratow, d'Oufa, d'Orenbourg, de Perm, de Viatka et de la Tauride. Les petites propriétés prédominent dans la Petite-Russie plus que partout ailleurs.

La répartition des terres dans le royaume de Pologne a lieu comme suit:

| | | | |
|---|---|---|---|
| Les terres des paysans ci-devant de l'Etat | constituent | 1,278,000 | dessiatines |
| » » » » serfs | » | 3,157,000 | » |
| » » colons » | » | 184,276 | » |
| Les forêts de la Couronne | » | 717,000 | » |
| Les terres des propriétaires | » | 4,561,000 | » |

*Prix des terres.* Le prix des terres dépend des qualités du sol, de la densité de la population, du voisinage des grandes villes, — des marchés, des ports, des chemins de fer, des conditions de la propriété foncière dans telle ou telle localité, etc. Toutes ces conditions, étant très-différentes dans diverses localités de la Russie, sont la cause de l'extrême diversité de la valeur des terres. Cette variété du prix des terres dans diverses régions est devenue récemment encore plus grande par suite du caractère transitoire de la position économique du pays après l'émancipation des serfs. Des conditions particulièrement favorables dans quelques localités ont été la cause d'une hausse rapide et notable des prix, tandis que dans d'autres localités, dans lesquelles les conditions sont défavorables, même les propriétés qui avant l'émancipation étaient considérées comme bien organisées et étaient auparavant d'un bon rapport, ne trouvent pas jusqu'à présent d'acheteurs et, par conséquent, n'ont pas de valeur déterminée.

Sous ce rapport, la région du tchernozème se trouve dans les conditions les plus favorables, ce que peut se dire particulièrement de la partie septentrionale de cette région, dont la population est très-dense et qui comprend: le gouvernement de Tambow, la partie méridionale du gouvernement de Riazan et de celui de Toula, la partie orientale du gouvernement d'Orel, la partie septentrionale du gouvernement de Voronége, les gouvernements de Koursk, de Poltava, de Kiew, la Podolie et les confins méridionaux de la Volhynie. On peut dire que dans toute cette région le prix des terres, lorsque l'on vend des grandes propriétés en entier, n'est aucunement au-dessous de 40 (*) roubles par dessiatine; dans beaucoup de localités le prix moyen des terres s'élève à 100 roubles, et dans quelques districts détachés il est même de 150 roubles par dessiatine.

Sous le rapport de la valeur des terres, la seconde place est occupée par les localités couvertes aussi de tchernozème et attenant à la région susmentionnée du côté sud et est, en s'étendant du Volga jusqu'à la Bessarabie, ainsi que par les localités situées près des grands ports de la mer Noire et de celle d'Azow, et surtout par les terres de la côte méridionale de la Crimée.

Dans toute la région des steppes, située au sud et à l'est des régions susmentionnées, les prix sont beaucoup moins élevés et flottent entre 15 et 40 roubles environ par dessiatine; mais dans les localités situées plus à l'est et au sud on peut acheter à raison de 10 roubles par dessiatine des propriétés possédant un sol de tchernozème éminemment fertile; dans les localités encore plus lointaines les terres n'ont point du tout d'acheteurs.

Les prix élevés des terres dans la région septentrionale du tchernozème, indiqués plus haut, trouvent leur parallèle dans les provinces Baltiques et le royaume de Pologne. Le prix de vente des terres n'y descend pas non plus au-dessous de 40 roubles, et dans quelques localités il s'élève à 70 et même à 100 roubles par dessiatine.

Ensuite, d'après la valeur des terres, vont, dans la région privée de tchernozème, les gouvernements industriels, situés autour de Moscou : les gouvernements de Moscou, de Vladimir, de Iaroslaw, de Nijni-Novgorod, les terres des environs de Pétersbourg et plusieurs localités dans la Lithuanie. Le prix moyen des terres flotte dans ces contrées entre 20 et 30 roubles par dessiatine.

Enfin les prix les plus bas se rencontrent dans la région qui s'étend des marais de Pinsk, en passant entre Pétersbourg et Moscou, et qui embrasse ensuite tout le nord et le nord-est de la Russie, jusqu'à la chaîne de l'Oural. Les prix moyens dans des localités détachées de cette région, lorsque l'on vend des grandes propriétés en entier, ne montent presque jamais au-dessus de 20 roubles ; mais il y a des localités où ils tombent jusqu'à 10, et même 5 roubles ; dans beaucoup d'endroits on peut encore acheter des terres à raison de 2 à 3 roubles la dessiatine; enfin il y a un grand nombre de terres qui n'ont aucune valeur et qui ne peuvent trouver d'acheteurs. Mais dans plusieurs localités on peut vendre les terres à raison d'un prix beaucoup plus élevé, si on les vend

(*) 1 rouble=4 francs=0,75 dollar=3 shillings 2 pence=1,06 thaler allemand.

en petites portions détachées, et principalement si ces terrains sont nécessaires aux paysans. Les prairies ont dans ces contrées la plus grande valeur et principalement celles qui sont inondées périodiquement par les rivières: le prix de vente de ces dernières prairies monte quelquefois jusqu'à 200—300 roubles la dessiatine. Enfin dans quelques localités les bois ont de la valeur, surtout s'ils sont situés près des chemins de fer.

Dans la Transcaucasie, pays insuffisamment encore lié à la Russie d'Europe par des voies de communication améliorées, les prix ne se sont pas encore établis et sont encore très-divers, de sorte qu'il y a là aussi beaucoup de localités dont les terres n'ont pas d'acheteurs. Les vignobles et les vergers y ont la plus grande valeur.

En Sibérie les prix des terres sont encore plus bas que dans la Russie d'Europe et il y a encore moins d'acheteurs.

# V.

## MODES D'EXPLOITATION DU SOL.

Systèmes de culture fonctionnant en Russie. – Culture pastorale. – Défrichement. - Ecobuage. – Culture céréale ou d'assolement triennal. - Système alterne.—Culture libre.--Systèmes d'économie rurale par rapport au travail et au capital. — Exploitation salariée. — Colonat partiaire ou métayage.—Bail à prix d'argent ou fermage.—Instruments aratoires.—Moyens d'engrais. (*)

Tous les systèmes d'exploitation du sol fonctionnant en Russie peuvent être réduits aux formes d'économie suivantes: 1° *culture pastorale* (ou nomade); 2° *système de défrichement*, offrant deux formes: *le défrichement*, et *l'écobuage* (culture par le feu); 3° *culture céréale* ou *système triennal;* 4° *système alterne*, et 5° *culture libre.*

Réparties dans les différentes régions du vaste territoire russe conformément aux différentes conditions naturelles et économiques qui y prédominent, ces formes d'exploitation du sol expriment en même temps le caractère du développement historique de l'économie rurale en Russie.

*La culture pastorale* consiste à convertir tout le terrain en pâturage permanent sans y appliquer aucune espèce de labourage, et à en abandonner la jouissance absolue aux bestiaux. Ce système correspond à l'état nomade des peuples qui en usent, comme par exemple les Bouriates, les Kirghizes et autres; il est généralement caractérisé par une population clairsemée et une abondance de terres, auxquelles cette abondance même ôte toute valeur. Aucune espèce de céréales n'y est cultivée, des routes impraticables en rendant le transport impossible, et tout débouché leur manquant d'ailleurs. Le seul objet d'échange pour les habitants de ces contrées est le bétail sur

(*) *Matériaux:* Rapport de la Commission d'enquête, etc.—Texte explicatif de l'Atlas économico-statistique par M. Wilson.—Journal de l'Economie rurale, publié par le Ministère des Domaines de l'Etat, etc.

pied, qui se transporte lui-même, et quelques produits animaux, susceptibles d'un long transport, comme laine, cuirs, suif, cornes, soie de porc, peaux de moutons, etc. La culture pastorale présente par conséquent un mode extensif et tout à fait primitif de tirer du sol ses produits, l'exploitation n'en demandant aucune dépense de travail ni de capital, tous les deux fort chers dans ces régions. De nos jours la culture pastorale n'est plus en vigueur que dans les parties de la Sibérie à population clairsemée et dans les steppes de l'Asie centrale. Cependant, à mesure que la population s'y accroît, que le prix des terres s'y élève, et que des débouchés intérieurs pour les céréales y surgissent, les peuplades de ces contrées perdent graduellement leur caractère nomade, et la culture pastorale cède le pas à la culture *alterne mixte*. Ce mode de culture est le suivant: après un labourage tout-à-fait superficiel, on ensemence le terrain pendant plusieurs années consécutives, au bout desquelles le sol épuisé ne donne plus que de modiques récoltes. Alors ce champ est abandonné pour un autre, auquel à son tour on demande des produits jusqu'à son épuisement complet, après quoi on défriche un nouveau terrain inculte, ou bien on retourne au premier champ. Ce sont ces terrains qu'on appelle *terres en friche*. La culture des défrichements, prédomine dans les gouvernements de la Nouvelle-Russie et les provinces méridionales riveraines du Volga, en Bessarabie, en Tauride, dans les gouvernements de Kherson, d'Ekaterinoslaw, de Stavropol, d'Astrakhan, de Samara, dans la province du Don et dans les steppes de la Sibérie d'ouest, c'est-à-dire, là principalement où la population n'est pas dense, où il y a pénurie de bois, abondance de steppes et de vastes terrains (oisifs). Une autre forme du système des défrichements a lieu dans les localités boisées, et s'appelle *l'écobuage, le brûlis* ou *le système à feu*. Pour convertir un terrain en sol arable, on est obligé de brûler tantôt une forêt, tantôt des broussailles, tantôt du gazon. La première opération s'appelle *l'écobuage*, les deux dernières *le brûlis*. Dans le premier cas, c'est-à-dire s'il s'agit de défricher un terrain boisé, on commence par abattre les arbres au printemps; en automne on les dépouille de leurs branches, et après avoir enlevé les arbres dont on destine le bois au chauffage et à la construction, tout le reste des broutilles est mis en tas, et laissé tout l'hiver sous la neige. Au début du printemps on y met le feu, et la combustion achevée, on fait des semailles, presque sans aucun labourage préalable; après quoi on herse le terrain ou bien on recouvre les grains à l'aide de la charrue. Le sol, exploité de cette manière, donne sans aucun engrais trois, quatre et jusqu'à cinq récoltes. Il y a telles parties de terrain brûlé sur lesquelles la feuillée tombante a formé pendant de longues années une couche d'engrais fermenté, épaisse d'une demi-archine, et qui donnent sans aucun amendement jusqu'à dix récoltes. Ces récoltes sont généralement assez abondantes: le seigle et l'orge y rendent 7 tchetverts pour une dessiatine, et l'avoine 10 tchetverts, et souvent bien au delà. Les terrains où l'on a brûlé les broussailles et le gazon le cèdent en fertilité à ceux qui ont été écobués, et ne fournissent au plus que deux à trois récoltes.

L'écobuage est en vigueur dans les gouvernements d'Arkhangel, d'Olonetz et de Vologda et en partie dans ceux de Novgorod, de Kostroma, de Viatka, de Perm et dans les parties septentrionales de la Sibérie. Il n'est généralement employé que dans les localités où une population clairsemée se perd dans de vastes forêts continues qui couvrent le territoire; aussi, dès que les forêts s'éclaircissent et que la population acquiert plus de densité, dans quelques endroits même des gouvernements énumérés, par exemple dans le district de Chenkoursk du gouvernement d'Arkhangel, et dans les districts de Vologda, de Griasovetz et de Kadnikoff du gouvernement de Vologda, le système de l'écobuage est remplacé par le *système d'assolement triennal*. *La culture triennale* exige que chaque sole ou champ soit consacré la première année aux céréales d'hiver, la seconde aux céréales d'été, et qu'il reste pendant la troisième année en jachère, c'est-à-dire qu'il n'est pas ensemencé dès le printemps, mais seulement labouré, fumé en cas de besoin, et en automne seulement employé pour les céréales d'hiver qui ne donnent de récolte que l'année suivante. Ce système d'agriculture est répandu dans la majeure partie de la Russie, et, comme il en a déjà été fait mention, date du XVI$^{e}$ siècle, lorsque l'accroissement de la population, le dépérissement des forêts et l'affermissement des serfs à la glèbe eurent rendu impossible la pratique des défrichements. Né avec le servage, ce système lui a survécu, et se maintient jusqu'aujourd'hui encore parmi les gros propriétaires fonciers, grâce à un usage séculaire et au manque de savoir; quant aux paysans, leurs raisons pour suivre ce système s'augmentent encore par l'exiguïté de leurs propriétés et la possession communale. La culture triennale exige, en premier lieu, un effectif de bétail assez nombreux pour suffire à l'engrais (puisque le principal moyen d'amender le sol, en Russie, est le fumier fourni par les étables), ce qui à son tour demande une étendue de pâturage assez vaste pour subvenir à l'alimentation des bestiaux. La pratique agricole a démontré qu'il faut pour cela la proportion de trois dessiatines de prés par chaque dessiatine de terre arable. Or, dans les provinces centrales, domaine principal de la culture triennale, les prés constituent, en moyenne, à peine un quart de l'étendue du sol cultivé. De plus, une dessiatine de prés y doit nourrir 2 pièces de gros bétail, et il ne revient pour chaque dessiatine de jachère que moins d'une pièce de bétail, tandis que pour un bon fumage il en faut dix fois autant. Voilà pourquoi le bétail des paysans se nourrit pour la plupart de paille en hiver, et les champs restent souvent sans aucun engrais, tout le fumier étant employé pour les chènevières et les potagers. Il résulte de tout ceci que le rapport actuel des terres arables aux prés, nécessaire pour le succès de la culture triennale, est insuffisant. Il est vrai que cette circonstance ne saurait avoir du poids là où le sol est suffisamment fertile; de sorte que dans la région du terreau noir (tchernozème) où tout engrais est superflu, l'extension du système triennal n'est limitée que par la hausse constante du prix des terres. La pénurie de fumier se fait le plus sentir dans la région où le terreau noir fait place à un sol moins fertile, et où la population est d'une densité considérable; ensuite de quoi le système triennal ne suffisant pas, dans les gouvernements à sol pauvre, à satisfaire aux besoins de l'alimentation publique, un nombre considérable de population agricole déserte les champs pour chercher des moyens de subsistance dans les capitales ou dans les fabriques locales, ou bien encore dans quelque métier exercé à domicile.

*Le système alterne* existe en Russie sur les mêmes bases que dans les Etats de l'Europe occidentale. Les premiers essais faits pour introduire ce système en Russie, au commencement de notre siècle, furent d'abord pour la plupart infructueux, grâce aux conditions défavorables qu'imposaient dans ce temps à l'agriculture le servage, le défaut de bonnes voies de communication, les bas prix qui existaient alors pour les produits agricoles, etc. Ce ne fut que dans les provinces situées le long de la frontière occidentale de l'Empire que la culture alterne a pu s'affermir et prendre un développement suffisant. Dans les provinces Baltiques, grâce au bon exemple offert par leurs voisins de l'étranger, le système alterne avec ses prairies artificielles et ses plantes-racines est pratiqué non seulement par les gros propriétaires, mais est adopté même dans les petits domaines des paysans. Les soles (ou bandes de terrains) affectés aux herbages sont de prédilection ensemencés de trèfle rouge mélangé de grain de timothé (phleum pratense); dans quelques endroits on y ajoute le trèfle blanc et en Livonie, en outre, la spergule.

En fait de plantes-racines on cultive dans les économies de cette région principalement les pommes de terre et en partie la betterave, qui occupent ordinairement d'un sixième à un dixième de l'étendue des prairies. Quelques cultivateurs des provinces Baltiques sèment aussi, quoique en petite quantité, le turneps, qui offre une bonne nourriture pour le bétail.

Dans le reste de la Russie la rotation des assolements avec les prairies artificielles pratiquée dans des dimensions tant soit peu considérables, ne se rencontre que dans les grandes économies seigneuriales de la région centrale, et surtout dans les gouvernements de Kovno, de Mohilew, de Smolensk, de Moscou, de Iaroslaw, de Toula, de Tambow, d'Orel et quelques autres. Dans les provinces centrales de la région du terreau noir (tchernozème), le système alterne domine surtout dans les centres de l'industrie sucrière, où, à côté de la culture de la betterave, on rencontre de grandes étendues de prairies artificielles; outre le trèfle et les graminées, on y cultive en fait de fourrage le sainfoin et la luzerne, qui vient très-bien après la betterave et fournit un foin de qualité excellente.

L'introduction de la culture des plantes industrielles dans quelques localités de la Russie enraya le développement successif du système triennal et de la culture alterne, et provoqua de nouvelles formes d'agriculture, qui prirent le nom de *culture libre*.

Ce qui caractérise ce dernier système, c'est l'absence de tout ordre suivi dans les rotations des différentes semailles. A la seule condition d'un sol suffisamment engraissé, il permet de cultiver, l'un après l'autre, différents végétaux ou de récolter pendant plusieurs années de suite le produit d'une seule et même plante. La culture libre a cet avantage, qu'il lui est loisible de changer ses formes et le rapport mutuel de ses parties dans de courts intervalles, et par conséquent de se conformer toujours aux exigences du marché. Un accroissement de demande de tel ou tel produit agricole force souvent le cultivateur à modifier le système habituel de son économie, et de s'adonner de préférence à la culture de la denrée demandée. Dans les régions des sucreries de betterave, plusieurs ménagers se livrent presqu'exclusivement à la *culture de la betterave*, qu'ils plantent sur les mêmes champs (plantations) pendant plusieurs années consécutives Ces plantations se trouvent dans la Podolie et les gouvernements de Kiew, de Kharkow, de Voronége, etc.

Dans d'autres endroits (les gouvernements de Poltava, de Tchernigow et de la Podolie), c'est la culture *du tabac* qui a modifié le caractère ordinaire de l'économie agricole.

La *culture du tournesol* a produit les mêmes effets dans quelques districts des gouvernements de Voronége et de Saratow. Les semailles du tournesol se répètent sur les mêmes champs, jusqu'à ce que le sol épuisé ne produise plus que des plantes rares et maigres; alors on ensemence ce terrain de blé sarrasin une année, l'année suivante il reste en jachère, après quoi on y sème le seigle ou toute autre céréale de prix.

L'étendue de la culture du tournesol dans les localités susmentionnées trouve son explication dans les bas prix qu'y établit pour les céréales le manque de débouchés; cependant l'extension considérable qu'ont prise de nos jours les voies ferrées a eu pour effet un décroissement partiel de cette culture.

Au système libre d'économie rurale se rattachent: 1) la culture des plantes potagères, connue sous le nom de *culture maraîchère de Rostow*, en vigueur dans quelques localités du gouvernement de Iaroslaw, et dont les objets sont: les fèves, les haricots, la chicorée, les concombres, les herbes aromatiques, les petits pois, etc.; 2) *la culture du houblon de Gouslitzy*, dans les districts contigus des gouvernements de Moscou et de Riazan; 3) *les plantations de pommes de terre* dans les gouvernements riverains du Volga: ceux de Iaroslaw et de Kostroma, où l'on plante des pommes de terre d'année en année dans les mêmes champs, soumis à une fumure annuelle, ou bien on en fait alterner les semailles avec celles du seigle. Les pommes de terre récoltées dans ces endroits servent à la préparation de la mélasse dans les distilleries locales. La culture de ces tubercules pratiquée dans les districts de Bronnitzy et de Kline (du gouvern. de Moscou) alimente de ses produits la fabrication de l'amidon, qui trouve son débit sur les marchés de Moscou. En thèse générale le système libre de l'agriculture offre en Russie un caractère sporadique, et n'est appliqué dans les diverses localités qu'en raison des conditions physiques et économiques favorables à la culture de telle ou telle plante. C'est ainsi qu'ont pris naissance par exemple *la culture des ciboules* dans le district de Véréïa (gouvern. de Moscou); celle *des plantes potagères* dans le gouvernement de Vladimir; celle *de l'anis et du pavot* dans les gouvernements de Saratow et de Voronége; de *la graine de moutarde* dans la colonie allemande de Sarepta (gouvernement de Saratow); *de camomille* dans les environs de Moscou; *du raifort* dans le district de Souzdal (gouvernement de Vladimir), etc., etc. Dans certains endroits ce sont quelques qualités particulières du sol qui favorisent la pratique du système libre. Ainsi par exemple on trouve dans les plaines riveraines de l'Oka des domaines dont tous les champs sont d'année en année ensemencés de céréales d'été, principalement de froment et de blé sarrasin. La qualité supérieure de ces prairies consiste à ne jamais demander de fumure, et à ne point souffrir de la sécheresse, dont les effets sont souvent fort désastreux pour les récoltes.

Le sol fécond de la Bessarabie (région du terreau noir), donne dans certaines localités pendant 20 années consécutives des récoltes de maïs semé sur un seul et même champ, sans offrir aucun signe visible d'épuisement.

On voit, par tout ce qui a été dit, que les différents systèmes de l'exploitation du sol se sont établis dans diverses régions, par suite de conditions locales, économiques et physiques dont le concours était favorable à telle ou telle culture; ainsi le caractère de désert, dont sont empreintes les steppes de l'Asie centrale, fit naître le système pastoral; le caractère boisé du Nord favorisa le système de l'écobuage; l'abondance du tchernozème (terreau noir) provoqua le système alterne; l'accroissement de la population et le manque de terres servit au développement du système triennal; et les conditions nécessaires à la prospérité de ce dernier système venant à faire défaut, la transition à une culture plus intensive devint inévitable. Les provinces Baltiques, favorisées par la proximité des débouchés, par les prix des grains, plus élevés qu'ailleurs, et par un fonds de connaissances agronomiques supérieur à la pratique agricole du reste de la Russie, ont déjà remplacé dans leurs domaines le système triennal par la culture alterne. Dans d'autres localités le système triennal n'est plus conservé qu'à titre d'exception, la pénurie de terrains et quelques conditions économiques spéciales ayant nécessité l'établissement de la culture libre; cependant il est encore l'assolement dominant dans la région centrale de la Russie. Il est de fait, néanmoins, que, de l'aveu général, les conditions dans lesquelles l'agriculture est actuellement placée, vu l'épuisement du sol, la pénurie des prairies et des moyens d'engrais, dont le manque rend les récoltes presque toujours précaires, — le système triennal n'offre plus aucune garantie de progrès dans l'économie rurale de la zone centrale de la Russie. De l'autre côté, l'introduction de l'alternat se heurte à plus d'un obstacle: il exige d'abord un grand fonds de connaissances agronomiques, un bétail amélioré, des instruments aratoires perfectionnés, un labourage plus soigné, en un mot un capital de virement considérable.

### Systèmes d'économie rurale par rapport au travail et au capital.

Depuis que le travail en Russie a été proclamé libre, et que la gratuité du principal organe de l'économie rurale a été abrogée, on a vu naître différentes formes d'économie, telles que: *le forfait*, ou culture avec des ouvriers salariés; *le colonat partiaire* ou *métayage* susceptible de plusieurs formes et *le bail à prix d'argent* ou *fermage*.

Ces différents modes d'exploitation, bien que basés tous sur des causes communes, se trouvent dans un état de confusion tel, qu'il serait difficile de les classer dans un ordre quelque peu suivi et de les répartir régulièrement par les différentes régions de la Russie.

*L'exploitation salariée* ou le forfait exige que tous les travaux à faire dans un domaine soient exécutés par des ouvriers engagés pour une rétribution pécuniaire; il demande par conséquent une grande dépense du capital circulant. Dans le développement de ce mode d'économie, c'est le degré de densité de la population locale qui sert de moment déterminant. Dans les endroits à population compacte l'extrême concurrence des bras qui cherchent du travail, baissant le prix de la main d'œuvre, détermine la pratique de la culture salariée comme la forme la plus lucrative sous le rapport économique. En conséquence elle domine dans le gouvernement de Kiew, dans la Podolie, la Volhynie, dans toutes les provinces centrales et les provinces baltiques.

Ces localités sont à même de satisfaire à tous les besoins économiques principalement par les forces de leur propre population. D'un autre côté, la culture à forfait est adoptée aussi dans les localités où l'abondance des terres jointe à un certain degré de prospérité des paysans-propriétaires peu disposés au colonat partiaire ne permet pas de pratiquer sur une grande échelle un autre mode d'exploitation. C'est le cas pour les gouvernements des steppes du sud et du sud-est: d'Ekaterinoslaw, de Kherson, de Saratow, de Samara, la Bessarabie et quelques autres. Le contingent des ouvriers occupés dans ces endroits est fourni par des localités plus ou moins éloignées; comme ces gens s'engagent pour un court espace de temps, toutes les conditions se bornent à les payer en argent comptant. La culture à forfait s'applique dans les grandes propriétés foncières de deux manières: soit en prenant des ouvriers à gages pour un temps plus ou moins long, soit en faisant exécuter des travaux à la tâche. Le premier mode suppose tout l'inventaire fourni par le propriétaire et une rémunération pécuniaire; quant au logement et à l'entretien, les ouvriers les reçoivent pour la plupart en nature. Dans le second cas les ouvriers emploient leur propre inventaire, et sont payés en argent, et en lots de terrains, dont la jouissance leur est temporairement concédée par le détenteur. L'engagement d'un certain nombre d'ouvriers constants a lieu dans les économies qui disposent d'un capital de virement circulant suffisant, ou qui possèdent en propre les instruments aratoires et des bestiaux. Une partie des ouvriers y est louée ordinairement à l'année; le propriétaire leur donne le logement, la nourriture et un salaire de 30 à 80 roubles par an. Leur devoir consiste à exécuter toutes sortes de travaux domestiques et surtout à veiller à l'intégrité de l'inventaire du maître. Quant aux travaux champêtres, ils sont remplis principalement par les ouvriers engagés pour l'été seulement, et dont les termes de louage sont généralement déterminés par les conditions locales. Le plus souvent on les prend depuis le mois d'avril ou de mai jusqu'au mois d'octobre, à raison de 35 à 45 r. outre l'entretien fourni par le maître. Lorsqu'arrive le moment des travaux pressés, comme la fenaison, la moisson et la rentrée des récoltes, les propriétaires qui usent des ouvriers constants engagent ordinairement un renfort de journaliers.

Les usages locaux ont élaboré dans les provinces Baltiques une forme distincte d'exploitation à l'aide d'ouvriers constants, connus sous le nom de *batraks*.

Ces travailleurs s'engagent à cultiver les terres du détenteur à l'année, en retour de quoi il leur est fourni le logement, un potager et une étendue de terre labourable, variant de 1 à 4 dessiatines. Ils sont ordinairement logés à une certaine distance de la maison seigneuriale, et travaillent pour le compte du maître, selon que leur contrat les y oblige, soit tous les jours, soit 3 ou 4 jours par semaine. Le prix de la main d'œuvre, pour laquelle le maître fournit les chevaux et les instruments, est préalablement fixé dans le contrat. Les ouvriers acceptent volontiers ce genre de service, qui leur offre des garanties plus ou moins sûres, d'autant plus que la possession d'un lot de terrain cadre davantage avec leurs besoins. Ce système n'est appliqué que dans les grandes propriétés, car la construction des logis pour les travailleurs, qui vivent généralement avec leurs familles, exige des dépenses considérables; mais les détenteurs y trouvent cependant leur compte, en ce que les ouvriers ne changent pas volontiers de place.

Dans la plupart des économies à assolement triennal et à culture de céréales uniforme, le forfait est reconnu peu avantageux, car l'amoncellement des travaux champêtres à certaines époques demande périodiquement un grand nombre de bras, les laissant tout-à-fait oisifs pour le reste de l'année. On préfère dans ces domaines l'exploitation *à la tâche*, qui consiste dans la concession de tous les travaux à faire aux paysans du voisinage pour une rémunération dont le taux par dessiatine est supputé pour tous les trois champs. Les prix de la main d'œuvre varient, suivant les conditions locales, de 7 à 23 roubles, s'élevant dans le cas où l'ouvrier entreprend en outre les travaux de façon, la rentrée des foins, le battage, le charriage du bois, etc. Comme ce mode d'exploitation ne demande aucune dépense préalable de la part du propriétaire, puisque l'inventaire et le bétail sont fournis par le travailleur, il est très-répandu dans presque toutes les régions de la Russie, offrant par cela même une grande complication des conditions de la paie.

La forme de rémunération la plus ordinaire, cependant, est *l'allotement*, stipulé généralement dans la proportion d'une dessiatine pour la même étendue de terrain cultivé au profit du maître; quelquefois cependant cette étendue va jusqu'à $1^1/_2$ à 2 dessiatines. Dans quelques endroits le travail à la tâche est converti en travail à la journée, ce qui suppose pour une dessiatine de blés d'hiver — 2 jours de labour à chevaux et 1 jour de labour à bras, et pour une dessiatine de blés d'été — 1 jour de labour à chevaux et 1 jour de labour à bras.

Une forme de salaire très-répandue consiste dans la concession des pâturages, des prés, des taillis et autres pacages, faite par le détenteur aux ouvriers en échange de leur travail.

Les propriétaires qui n'ont pas les moyens de se pourvoir en propre de l'inventaire nécessaire à l'exploitation de leurs terres, et qui ne veulent pas prendre des ouvriers à la tâche, préfèrent le système du *métayage* ou *le colonat partiaire*.

Le louage des terres pour la moitié du rendement se fait sous différentes conditions. Le plus souvent le fermier, qui est presque toujours un paysan du voisinage, et auquel le détenteur fournit le terrain et les semences, s'engage à exécuter tous les travaux champêtres — labourage, ensemencement et moisson — par ses propres moyens; la récolte est partagée en deux parts, dont l'une appartient au propriétaire, l'autre au cultivateur comme prix de son travail. Différentes conditions locales modifient cette forme générale du louage des terres à moitié. Dans le gouvernement de Toula, par exemple, les semences sont fournies en parties égales par le propriétaire et le fermier. Dans le gouvernement de Smolensk, une partie de la récolte à venir est réservée par convention préalable pour l'ensemencement, et le reste tombe en partage, la part du propriétaire s'augmentant de la paille et de la moitié des foins. Dans d'autres localités la part du travailleur est moitié blés, moitié foins, en échange du labourage, de la moisson, du battage, du fauchage et de l'engrangement des foins, exécutés par lui.

Le principal défaut économique du colonat partiaire consiste en ce que ni le propriétaire, ni le métayer ne sont disposés ou ne se décident pas à introduire dans les économies des améliorations dispendieuses, peu désireux d'en partager le profit avec un associé qui n'a eu aucune part dans ces dépenses. Dans les régions où le terreau noir est en défaut, et où le fumage forme la base principale de la culture agricole, le louage des terres à moitié donne de fort mauvaises récoltes, vu la pénurie des engrais, dont le ramassage incombe au propriétaire, ainsi que le fumage du sol à labourer. Malgré ces inconvénients, la culture à moitié trouve sa raison d'être dans l'existence des enclaves et des terrains en litige, et exerce outre cela une influence favorable sur la vie économique des paysans dans les localités où il y a peu de terres.

Une autre forme d'exploitation par associés trouve son application principalement dans les gouvernements du sud et de la Petite-Russie. C'est encore le colonat partiaire, modifié en ce sens que c'est le métayer qui fournit tous les travaux, l'inventaire et les semences, tandis que le détenteur, qui lui concède son terrain, reçoit d'un tiers à deux cinquièmes de la récolte. Quelques propriétaires de la Tauride louent tout ce qu'ils possèdent de terres arables pour un quart où un cinquième de la récolte, à la condition, cependant, que les blés soient coupés, engrangés, dépiqués et vannés, et, le cas échéant, transportés dans un port ou à tout autre point fixé par le propriétaire. D'autres petits ménagers offrent de payer les moissonneurs, au lieu d'argent comptant, en blé, à raison de la 4e ou de la 6e botte: dans ce cas les propriétaires tâchent ordinairement de stipuler en outre à leur profit un certain nombre de travaux à la journée, comme fauchage, fenaison, battage, engrangement des blés, et autres.

Enfin il faut mentionner ici une dernière forme d'exploitation partiaire, connue sous le nom d'*aide* ou d'*assistance*.

Cet usage, fort répandu dans les gouvernements de l'ouest, du centre et en partie dans ceux du nord, a sa valeur à côté de tous les autres modes d'exploitation. Pendant la saison de la moisson et de la fenaison, au moment des travaux pressés, les propriétaires invitent souvent les voisins à venir les aider les dimanches et les fêtes, jours dans lesquels un travail salarié est prohibé par l'usage. Les paysans des alentours se rendent à l'invitation, et travaillent pour un régal, qui tient lieu de salaire. Il est vrai que ce régal coûte souvent au propriétaire plus cher que le louage, mais il donne en échange des résultats fort rapides. En général les paysans s'engagent moins volontiers à la journée pour de l'argent, que pour un régal.

Tous ces systèmes d'exploitation du sol ne sauraient, par leur nature même, avoir une importance aussi réelle pour les progrès de l'agriculture, que celle que présentent différentes formes du *fermage à bail*, qui commencent à fonctionner dans plusieurs endroits de la Russie. A l'heure qu'il est, le fermage a lieu tantôt pour les propriétés foncières en entier, tantôt pour des lots de terrains détachés, tantôt pour de petites étendues de quelques dessiatines. Dans les deux premiers cas le fermage est ordinairement à long terme, dans le dernier, le bail est toujours à l'année.

Dans les gouvernements de la Grande-Russie, ceux du nord comme ceux du sud, l'affermage de grandes propriétés à long terme ne se rencontre qu'à l'état d'exception.

Ce système trouve une plus large application dans les gouvernements du sud, dans la Petite et dans la Nouvelle-Russie. La main d'œuvre y étant rare et chère, les propriétaires de ces régions préfèrent le plus souvent d'affermer leurs terres, plutôt que de les exploiter pour leur propre compte, d'autant plus qu'ils trouvent pour cela des conditions favorables toutes prêtes, dans le nombre croissant des fermiers, dont le contingent local est fourni par les juifs, les gentilshommes des gouvernements de l'ouest, les marchands, les paysans aisés et les colonistes. Pour louer une propriété en ferme, on passe un contrat dont le terme est ordinairement de 6 à 12 ans; un terme plus long fait exception. Le contrat fixe avec plus ou moins de précision non seulement les conditions du fermage et de la restitution de l'inventaire, des bâtiments, des matériaux ruraux, etc., mais détermine quelquefois même tel ou tel mode de culture à suivre. Dans le but de garantir leurs terrains d'une exploitation irrégulière, les propriétaires de la Nouvelle-Russie insèrent souvent dans le contrat des conditions restrictives relativement à l'étendue des terrains à cultiver et déterminent même la rotation à suivre dans les assolements. Les conditions du contrat subissent d'ailleurs toutes sortes de modifications locales.

Le bail d'un an est la forme de fermage la plus usitée en Russie. Beaucoup de propriétaires gros ou moyens ne cultivent eux-mêmes qu'une partie de leurs domaines, choisissant pour cela ordinairement les terrains dont la situation ou le sol offrent les plus grands avantages; le reste est loué aux paysans par dessiatines. Les besoins et les usages locaux règlent les conditions du contrat. Le prix du bail se paie tantôt en argent, tantôt en produits de la récolte, dont la quantité est déterminée par la convention.

L'affermage des pâturages, dont le besoin est particulièrement sensible aux paysans des gouvernements peu riches en terres, est ordinairement acquitté en travaux fournis par les fermiers. Les propriétaires de la Petite-Russie cèdent souvent aux paysans la jouissance du chaume (champs après la moisson), en échange de quoi ils peuvent disposer d'un grand nombre de bras pour le labourage, la moisson et autres travaux champêtres.

Les prix de location des terres sont très-variés. En thèse générale, les prix de fermage à long terme sont considérablement plus bas que ceux du bail à l'année. Les premiers flottent entre 3 à 10 r. pour une dessiatine de terre arable; les seconds de 4 à 20 r. Le maximum des prix a lieu pour les gouvernements septentrionaux de la région du terreau noir.

Les prés et les pâturages sont le plus coûteux dans les provinces centrales, taxés ordinairement de 10 à 40 r. et quelquefois au delà, pour une dessiatine.

### Instruments aratoires.

La cherté croissante de la main d'œuvre et la répartition inégale des forces ouvrières dans les différentes localités de la Russie, obligent les propriétaires de plus en plus à remplacer le travail manuel par le travail mécanique, et à chercher dans l'emploi d'outils perfectionnés la garantie d'une exploitation lucrative. Le premier instrument perfectionné, qui ouvrit la voie aux autres, fut la batteuse à cheval, dont les différents systèmes se répandirent assez vite, construite d'abord par des mécaniciens locaux, et remplacée depuis une vingtaine d'années par celles des fabriques étrangères.

Les propriétaires des provinces occidentales et centrales de la région du terreau noir furent les premiers à l'importer. Le développement de l'industrie agricole dans la Nouvelle-Russie obligea les cultivateurs de substituer au battage au fléau et au dépiquage (battage par les chevaux) la batteuse à vapeur, qui se distingue par son transport facile et son travail expéditif. Au bout de dix ans le battage à vapeur dominait dans toutes les économies considérables de cette région. A l'heure qu'il est, on trouve beaucoup de propriétaires moyens qui possèdent de ces machines, et qui, leur battage achevé, les louent aux ménagers voisins. Dans quelques provinces du sud il y a même tels industriels qui, sans posséder en propre un terrain quelconque, achètent des machines à battre, dans le but de les louer ou d'entreprendre le battage du blé des paysans. Ces machines furent bientôt suivies par les vans, les tarares, les râteaux à cheval, qui font partie maintenant de l'inventaire de toute économie tant soit peu bien montée, surtout dans la Nouvelle-Russie. Quant aux autres instruments agricoles perfectionnés, ceux de labour, d'ensemencement et de moisson, leur usage est loin d'être général, et on n'en trouve dans les différentes parties de l'Empire, relativement, que fort peu. Quelques économies détachées des provinces centrales et méridionales emploient les charrues perfectionnées de différents systèmes, des moissonneuses et des faucheuses mécaniques, mais leur valeur n'est reconnue que par ceux qui en font usage; le reste des cultivateurs n'a pas beaucoup de confiance dans tous ces perfectionnements. Il faut en excepter cependant ceux des propriétaires dont les domaines entrent dans le rayon de la culture de la betterave, surtout dans la région du sud-ouest. Comme cette culture demande un ameublissement et un défoncement de sol très-profond — condition absolue d'une récolte abondante; comme le besoin d'un ensemencement régulier était flagrant, l'introduction des outils de labour améliorés se présenta tout naturellement comme le meilleur moyen de répondre à ces exigences. Aussi trouve-t-on, à l'heure qu'il est, que les différentes charrues, voire même les charrues à vapeur (dont on compte jusqu'à 10), les scarificateurs, les cultivateurs, les semoirs en lignes et autres, forment l'inventaire aratoire de toute culture de la betterave. Les faucheuses et les moissonneuses ont pris dans ces dernières années une extension assez considérable, et on en compte maintenant en Russie jusqu'à 12 mille pièces. Il en est de même pour les semoirs à la volée comme pour ceux en lignes, dont le nombre s'accroît chaque année; importés de l'étranger, ils servent de modèles pour les mécaniciens du pays.

On compte en Russie (en 1876) jusqu'à 136 fabriques d'outils et de machines agricoles; en 1872, on en comptait 111. Les données recueillies par le Ministère des Domaines de l'Etat, sur le nombre de ces instruments fabriqués par les usines mécaniques russes, présentent pour l'année 1872 le relevé suivant:

| | | |
|---|---|---|
| 1) Batteuses à vapeur . . | 3 | pièces. |
| 2) Locomobiles. . . . . | 3 | » |
| 3) Concasseurs. . . . . | 4 | » |
| 4) Scarificateurs . . . . | 17 | » |
| 5) Faucheuses . . . . . | 18 | » |
| 6) Moissonneuses . . . . | 18 | » |
| 7) Rouleaux. . . . . . | 19 | » |
| 8) Coupe-racines . . . . | 24 | » |
| 9) Buttoirs. . . . . . . | 33 | » |
| 10) Dessicateurs. . . . . | 46 | » |
| 11) Barattes . . . . . . | 60 | » |
| 12) Moulins . . . . . . | 61 | » |
| 13) Manéges à chevaux . . | 77 | » |
| 14) Râteaux à cheval . . . | 78 | » |
| 15) Charrues-cultivateurs . . | 89 | » |
| 16) Semoirs en lignes . . . | 109 | » |
| 17) Hache-paille. . . . . | 116 | » |
| 18) Egréneurs . . . . . . | 116 | » |
| 19) Extirpateurs. . . . . | 135 | » |
| 20) Herses . . . . . . . | 170 | » |
| 21) Manéges à cheval . . . | 202 | » |
| 22) Semoirs à la volée . . . | 210 | » |
| 23) Batteuses à cheval . . | 826 | » |
| 24) Vanneuses . . . . . . | 1,162 | » |
| 25) Charrues. . . . . . . | 2,184 | » |
| 26) Tarares . . . . . . . | 2,234 | » |

Il est hors de doute que le nombre actuel (1876) des instruments et des machines agricoles fabriqués en Russie a pris un accroissement considérable.

Quant aux dépôts d'appareils agricoles importés de l'étranger, on en compte jusqu'à 80, et le chiffre total de leur virement s'élève au delà de deux millions. Il faut noter cependant que l'importation de ces machines subit des fluctuations qu'il est impossible de déterminer.

### Moyens d'engrais.

La fertilité naturelle du sol produit dans plusieurs localités de la Russie des récoltes de céréales, sans avoir aucun besoin de fumage. Telles sont les steppes du sud et la partie méridionale de la région du terreau noir, où l'emploi des engrais est à l'état de rare exception, tandis qu'il est indispensable dans la région du nord. Le principal moyen d'amendement du sol dans les grandes comme dans les petites économies est fourni par l'engrais animal, qui s'amoncelle dans les étables pendant la stabulation hivernale. On ne fume que les terres destinées aux céréales d'hiver, et à quelques autres plantes de prix, comme chanvre, lin, tabac, légumes potagers, etc. Ces dernières cultures absorbent quelquefois tout le fumier, dont la quantité est souvent fort modique, ne laissant rien pour le fumage des céréales. Voilà pourquoi plusieurs propriétaires de la région centrale ne donnent de fumure qu'à un tiers à peine des hivernages, tout l'engrais étant destiné pour le chanvre, la betterave et le tabac. Encore n'est-ce ordinairement que la partie des champs la plus proche des habitations qui est amendée; — les terres éloignées restent sans engrais, ce qui amène un appauvrissement croissant du sol arable.

Pour obvier à cet état de choses, les cultivateurs ont recours à différents moyens d'amendement du sol, afin de suppléer au manque d'engrais animal. Ainsi, dans les régions boisées du nord, on emploie pour cela la *tannée*, c'est-à-dire les branches menues de pins, de sapins, mélangées avec de la paille dont on compose la litière des bêtes, et qu'on met ensuite en tas; pendant l'hiver la tannée entre en fermentation et se décompose en partie. Dans les contrées de l'extrême nord un moyen d'amélioration du sol fort important est offert par les *toundras*, plaines marécageuses couvertes de mousse, et possédant des qualités tourbeuses. Ces plaines, dont on enlève dès l'automne des plaques de mousse pour en transporter jusqu'à 20 charretées et au delà dans les cours, où elle reste jusqu'au printemps suivant, sont particulièrement abondantes dans le district de Kholmogory. Les gouvernements de l'ouest trouvent un moyen d'engraissement très-actif dans la *tourbe*, qu'on transporte immédiatement dans les champs, ou qu'on fait sécher en tas, après quoi, mêlée de paille, elle est employée comme litière dans les étables; au printemps on la répand sur les terrains en jachère. Les résultats obtenus sont brillants, mais c'est toutefois un amendement fort dispendieux. On emploie dans le même but la vase des étangs, des canaux, des marais, etc. L'emploi de l'engrais atteint son maximum dans les provinces baltiques: selon la nature du sol et l'espèce de grains, une dessiatine en demande ici de 1,800 à 3,200 pouds. Le fumier des étables est généralement employé, pour les jachères destinées aux grands blés, pour le trèfle et quelquefois pour les pommes de terre. Outre le fumier, on se sert encore de *purin*, de *vase des marais et des étangs* (*), de *plâtre*, de *chaux éteinte* et souvent d'os. Dans d'autres localités de la Russie l'usage du noir animal et d'autres engrais artificiels n'est adopté que par quelques propriétaires, dont le nombre est fort restreint. Il est vrai que pour en rendre l'usage universel, il fallait trouver un moyen assez simple pour permettre à tout cultivateur de préparer soi-même cette espèce d'engrais, sans être obligé d'acquérir pour cela des appareils coûteux. Ce problème est récemment résolu (par M. Ilienkow, professeur de l'Académie agricole), et consiste dans la décomposition des os à l'aide de cendres; ce sont surtout les cendres du blé sarrasin et du tournesol qui conviennent le mieux à ce procédé.

Un moyen d'amendement, qui a une grande valeur pour le progrès de l'agriculture russe, est fourni par les vastes gisements d'un minérai, nommé en russe *samorod* (autogène), qui contient une grande quantité d'acide phosphorique, et ressemble beaucoup aux apathites, coprolithes et phosphorites, dont abondent l'Amérique, l'Espagne, la France, l'Angleterre et la Suède. Ces gisements occupent en Russie un espace immense de 20 mille verstes carrées, entre le Volga et la Diésna, et s'étendent, en zone continue, de la ville de Roslawl (gouvernement de Smolensk), à travers quelques districts des gouvernements d'Orel, de Koursk, de Voronége, de Tambow, de Penza, de Nijni-Novgorod et de Simbirsk jusqu'au Volga. Sur toute cette étendue le phosphate de chaux gît en deux couches superposées, dont l'épaisseur totale est de 8 verchoks, et contient, dans quelques endroits de 15 à 20 %, dans d'autres jusqu'à 29% d'acide phosphorique. L'abondance de ce minerai est telle, que dans ces endroits on s'en sert partout comme de pierre à paver les rues et les routes, dont la poussière a été de tout temps employée avec beaucoup de succès comme engrais par les cultivateurs locaux. Les conditions dans lesquelles se trouvent ces gisements relativement à la facilité du transport, y sont particulièrement favorables, car cette localité est croisée en tout sens par les lignes centrales de nos chemins de fer; de sorte qu'on

(*) Dans le but d'utiliser autant que possible la vase des étangs, certaines localités font fonctionner *la culture des étangs*, qui consiste en ce qu'on convertit les étangs en terrains labourés; au bout de quelques ans, lorsque ce sol riche en vase est épuisé, on y ramène l'eau pour en faire de nouveau un étang. Ces sortes de terrains se distinguent par une fertilité extraordinaire.

ne trouve aucun obstacle pour le transporter, non-seulement dans les provinces du midi et de l'ouest, mais aussi pour l'exporter à l'étranger. Toutes ces circonstances n'ont pas manqué d'attirer l'attention des agriculteurs et des capitalistes sur cette source inépuisable d'engrais phosphoriques, et à l'heure qu'il est, il s'est déjà formé plus d'une association en commandite, à l'effet de l'exploiter et de le convertir en engrais.

Indépendamment de tout cela il existe en Russie jusqu'à vingt fabriques et dépôts d'engrais artificiels ; les premières fournissent le noir animal ; une poudre extraite du phosphorite de Koursk ; du superphosphate préparé d'os et de phosphorite ; un engrais complet, contenant de l'acide phosphorique, de l'azote et du kali ; un compost de déchets de cuir, etc. ; la poudrette, composée des matières fécales ramassées dans les villes, et en grande partie de déjections de l'homme ; et en dernier lieu différents engrais complets et spéciaux pour la culture de la betterave, des pommes de terre, du tabac, des plantes potagères et fleuries, etc. La poudrette a pour centre principal de sa préparation Varsovie et les fabriques d'engrais de la Société d'assainissement à Moscou ; quant aux engrais artificiels de fabrication étrangère, comme les superphosphates anglais et suédois, les engrais d'asphalte et de kali, les sulfates d'ammoniaque, le Polar-Fish-guano (dégraissé et étuvé) ; les sels de Stasfurth, le caïnite de Léopoldstadt, etc., — on en trouve toujours dans les différents dépôts affectés à ce commerce.

Cependant, malgré cette variété d'engrais exposés au marché, il est nécessaire de faire remarquer que le moment d'en user n'est pas encore venu pour l'agriculture russe ; les bas prix des céréales (comparativement parlant) et la cherté des engrais importés de l'étranger ou préparés dans le pays, n'en permettent point l'application sur une grande échelle, dans la pratique agricole de la Russie.

# VI.

## PRODUCTION DES CÉRÉALES.

Production totale des céréales en Russie — Production des principales parties de l'Empire. — Chiffres moyens de la consommation. — Répartition de la production des céréales par régions agricoles. — Espèces des céréales cultivées. (*)

Les données statistiques sur la production des céréales en Russie ne peuvent être complètement exactes et ne doivent être regardées que comme des données approximatives. Les renseignements de cette nature sont dans presque tous les pays plus ou moins incomplets et inexacts. En Russie, vu l'immense étendue de l'Empire et la variation du chiffre des champs labourés motivée par le changement continuel que subit, dans certaines localités, le système même d'agriculture et du défrichement de nouveaux terrains; vu le mode primitif de culture que pratiquent la plupart des paysans, mode qui n'admet pas le compte exact de l'ensemencement, de la récolte, etc., les données statistiques sur la production des céréales doivent être encore moins exactes et moins complètes que dans les autres pays. Néanmoins les renseignements officiels qui existent sur ce sujet, et qui sont recueillis par l'entremise des délégations provinciales et des communes rurales (*volost*), ont fourni, surtout dans les derniers temps, des données assez justes, dont la vérification, par différents moyens, prouve que s'il existe dans les détails quelques inexactitudes, elles donnent, néanmoins, un tableau général assez juste de la production des céréales et de leur consommation en Russie.

Les renseignements que nous donnons dans ce chapitre sont basés sur les données officielles pour la période quinquennale de 1870 à 1874.

La Russie tient, par les proportions de sa production agricole, l'un des premiers rangs parmi les pays du globe terrestre. Sa production de céréales, jointe à celle de la Russie d'Asie, dépasse en dimensions celle des Etats-Unis et

(*) Rapports annuels des gouverneurs.

si, sous ce rapport, elle le cède à quelque autre pays, ce n'est peut-être qu'à la Chine seule. La récolte brute des céréales que cultive l'Empire russe, avec une population de 85 millions d'habitants, constitue en moyenne près de 311 millions de tchetverts (*), résultant d'environ 79 millions de tchetverts de semailles ; la récolte nette est de 232 millions de tchetverts environ.

Cette quantité (232 millions) est répartie de la manière suivante :

| | | | | |
|---|---|---|---|---|
| La Russie d'Europe, avec le royaume de Pologne, les provinces Baltiques et la Finlande, produit . . | 207 | millions | de | tch. |
| Le Caucase . . . . . . . . . . . . . . . | $14\frac{1}{2}$ | » | » | » |
| La Sibérie et les possessions dans l'Asie centrale . | $10\frac{1}{2}$ | » | » | » |

Cette récolte, suffisant aux besoins de la population, donne un excédant assez considérable de grains qui est exporté à l'étranger et qui a donné à la Russie une haute renommée, comme à l'une des contrées qui garantissent les besoins de l'Europe. Cet excédant est produit spécialement par certaines parties de la Russie d'Europe ; la Russie d'Asie et la Trancaucasie n'exportent presque rien. La Transcaucasie, la Sibérie et les possessions dans l'Asie centrale s'alimentent du blé local ou de celui que leur livrent les localités les plus proches ; et si la Russie d'Europe reçoit de la Sibérie une certaine quantité de blé, le pays d'Orenbourg en rend à son tour une partie aux possessions dans l'Asie centrale, et la Transcaucasie reçoit de la Russie d'Europe une petite partie de blé et une certaine quantité d'eau de vie. On peut conséquemment admettre que la Russie d'Europe avec le Caucase du nord, le royaume de Pologne, les provinces Baltiques et la Finlande, c'est-à-dire toute la Russie d'Europe, limitée par les monts Ourals, le fleuve Oural, la mer Caspienne et la chaîne du Caucase (y compris les districts transouraliens des gouvernements de Perm, d'Oufa et d'Orenbourg), forme un ensemble, une unité agricole qui s'alimente de son propre blé et en exporte l'excédant à l'étranger. C'est pour cette raison que nous commencerons l'étude plus détaillée de la production des céréales, par les faits qui concernent la production de cette contrée.

Dans tout ce territoire, limité par les frontières naturelles de l'Asie et ayant une population de 74,992,000 habitants, la quantité de la production des céréales atteint à peu près le chiffre de 212,300,000 tchetverts et celle des pommes de terre — le chiffre de 44,660,000 tchetverts. Une partie de cette récolte, à savoir 21,560,000 tchetverts environ de céréales, est exportée à

---

(*) Un tchetvert = $7,_{41302}$ pieds cubiques = $5,_{77462}$ bushels = $0,_{721856}$ quarter anglais = $2,_{09904}$ hectolitres = $3,_{81904}$ scheffels prussiens.

l'étranger, de sorte qu'il reste pour la consommation (pour la nourriture des habitants, pour celle du bétail et pour la fabrication des eaux-de-vie) près de 190,740,000 tchetverts de céréales et 44,660,000 tchetverts de pommes de terre, ce qui donne par habitant une quantité moyenne de 2,52 tchetverts de céréales et un peu moins de 0,6 tchetvert de pommes de terre; en total, avec les pommes de terre, 3,1 tchetverts environ. La fabrication des eaux-de-vie prend à peu près 9 millions de tchetverts de céréales et 2½ millions de tchetverts de pommes de terre, ce qui fait par habitant 0,12 tchetvert de céréales et 0,033 de tchetvert de pommes de terre; de sorte qu'il reste exclusivement pour l'alimentation de chaque habitant près de 2,4 tchetverts de céréales et 0,56 de pommes de terre, — chiffres qu'on peut prendre pour moyennes de la consommation dans la Russie d'Europe.

Selon le caractère de la production agricole, diverses parties de la Russie d'Europe diffèrent l'une de l'autre et peuvent être divisées en trois zones principales: 1° celle du Midi, qui embrasse tout le tchernozème jusqu'à la chaîne du Caucase; 2° la moitié septentrionale de la Russie d'Europe, privée de tchernozème; et 3° les confins de l'ouest, comprenant le royaume de Pologne et les provinces Baltiques. La première et la dernière de ces parties produisent un excédant de blé; la seconde, au contraire, souffre d'un manque de blé assez notable.

La proportion de la production dans ces régions, par rapport à la population locale, est énoncée par les chiffres suivants:

| | Population | Semailles | Récolte brute | Récolte nette | Rendement pour un grain. | Par habitant | Pommes de terre | Par habitant |
|---|---|---|---|---|---|---|---|---|
| | mille hab. | mille tchetverts. | | | | tchetv. | mille tchetv. | tchetv. |
| Région du tchernozème . | 39,546 | 42,259 | 187,459 | 145,200 | 4,44 | 3,67 | 13,800 | 0,35 |
| Région privée de tchernozème et la Finlande | 27,476 | 25,305 | 71,975 | 46,670 | 2,85 | 1,70 | 12,484 | 0,45 |
| Le royaume de Pologne et les provinces Baltiques | 7,970 | 5,772 | 26,186 | 20,414 | 4,54 | 2,56 | 18,377 | 2,31 |
| | 74,992 | 73,336 | 285,620 | 212,284 | 3,90 | 2,83 | 44,661 | 0,59 |

Les chiffres de ce tableau constatent:

1° que dans la région du tchernozème, la quantité de blé employée pour semences dépasse d'un peu un tchetvert par habitant, tandis que dans les autres régions la proportion de l'ensemencement est moindre;

2° que la production du tchernozème constitue plus des deux tiers de la production totale de la Russie d'Europe;

3° que la récolte des céréales donne pour chaque habitant: dans la région du tchernozème $3,_{67}$ tchetverts, dans la région septentrionale $1,_{70}$, et dans les pays limitrophes de l'ouest $2,_{56}$. Mais dans cette dernière, la culture des pommes de terre est considérablement développée et donne $2,_{31}$ tchetverts pour chaque habitant, tandis que dans les autres régions elle en donne moins de $0,_{5}$.

4° que la récolte dans différentes régions donne le rendement suivant:

| | | |
|---|---|---|
| Dans la région du tchernozème. | $4,_{44}$ | pour 1 grain. |
| » » » » nord . . . . | $2,_{85}$ | » 1 » |
| Dans les pays limitrophes . . . | $4,_{54}$ | » 1 » |

En total l'importance de la production dans la région du tchernozème, par rapport à celle des autres parties de la Russie d'Europe, est caractérisée par les chiffres suivants:

| | | |
|---|---|---|
| Sa population constitue . . | 53 % | de toute la population. |
| La quantité de semailles. . | 59 % | » » » quantité. |
| La récolte des céréales . . | 68 % | » » » » |

C'est précisément cette région qui donne un surplus considérable de blé, dont une partie sert à suppléer au manque d'alimentation dans la région du nord, et dont l'autre est exportée à l'étranger.

Appliquant le calcul précité, de la consommation moyenne de céréales (tant pour la nourriture que pour la fabrication des eaux-de-vie), nous recevrons les chiffres suivants énonçant le surplus ou le manque de céréales supputé par habitant, dans les différentes régions:

| | | |
|---|---|---|
| Dans la région du tchernozème . . . | + $1,_{107}$ | de tchetverts. |
| » » » » nord . . . . . | — $0,_{922}$ | » » |
| Dans les pays limitrophes de l'ouest | + $0,_{145}$ | » » |

Le total de l'excédant ou du manque de céréales dans diverses régions donne les chiffres suivants:

| | | |
|---|---|---|
| Dans la région du tchernozème. . . | + 43,767,000 | tchetverts. |
| Dans les pays limitrophes de l'ouest . | + 2,823,000 | » |
| Dans la région du nord . . . . . . | — 25,030,000 | » |

Vu que le chiffre de l'exportation à l'étranger donne en moyenne, pour la période de 1870 à 1874, 21,559,607 tchetverts de céréales, nous établirons la répartition des céréales dans la Russie d'Europe, tant pour la consommation que pour l'exportation, conformément aux chiffres suivants:

| | EXCÉDANT tchetverts. | | MANQUE tchetverts. |
|---|---|---|---|
| Dans la région du tchernozème . . . . . | 43,767,000 | Dans la région du nord avec la Finlande. . . | 25,030,000 |
| Dans le royaume de Pologne et les provinces Baltiques . . . . . | 2,823,000 | L'exportation à l'étranger. | 21,560,000 |
| | 46,590,000 | | 46,590,000 |

Il s'ensuit que 4/7 à peu près de l'excédant des céréales que produit le tchernozème servent à suppléer au manque qu'éprouve la région du nord, et que 3/7 environ sont exportés à l'étranger. La quantité de céréales exportée par les pays limitrophes de l'ouest ne constitue pas plus de 13 %, relativement à celle qui est exportée par la région du tchernozème.

Selon le caractère des principales céréales que cultive la Russie d'Europe, on peut diviser cette dernière en deux grandes zones. Dans la moitié septentrionale, la plus grande de la Russie, prédominent les semailles de seigle; dans la partie du sud et celle du sud-est — les semailles de froment, lequel au nord n'est cultivé en dimensions assez considérables que dans le royaume de Pologne, les provinces Baltiques et les gouvernements du nord-ouest, quoique les semailles de seigle y soient les principales. Par rapport aux autres céréales, à celles d'été, les particularités de différentes régions consistent en ce qu'aux confins du nord on cultive principalement l'orge, dans la moyenne Russie — l'avoine, le sarrasin et en partie l'orge; au sud-ouest, outre l'avoine et l'orge, on cultive encore en quantité considérable le millet, en Bessarabie et en partie dans le gouvernement de Kherson, le maïs. De plus, il existe dans diverses localités des cultures spéciales: celle de la betterave, du tabac, du lin, du chanvre, du tournesol, etc., cultures dont nous parlerons ci-après.

La limite entre les deux zones principales, — celle du seigle et celle du froment, part des confins sud-ouest de la Pologne jusqu'à Krémentchoug; traversant ensuite Poltava, Kharkow et Samara, elle coupe les monts Oural un peu au sud de Sterlitamak, pour aboutir à la ville de Kamichlow (près de la frontière de la Sibérie). Au sud de cette limite prédominent les semailles de froment. Dans la moitié nord de la Russie on rencontre encore des ensemencements de froment plus ou moins considérables, dans quelques districts des gouvernements de Nijni-Novgorod, de Simbirsk, de Kostroma, de Viatka, de Riazan et d'Oufa.

On peut aussi diviser la région du froment en deux parties: à l'ouest de la Russie prédominent les semailles du froment d'hiver, aux confins méridionaux et dans toute la région du sud-ouest et de l'est — celles du froment d'été.

Dans le royaume de Pologne et dans la plupart des districts de la Podolie, de la Volhynie méridionale et du gouvernement de Kiew, on sème presqu'exclusivement le froment d'hiver; dans les provinces Baltiques c'est aussi le froment d'hiver qui prédomine. Ensuite les districts méridionaux de la Podolie et du gouvernement de Kiew, ainsi que le gouvernement de Poltava, les districts septentrionaux de la Bessarabie, des gouvernements de Kherson, de Kharkow et de Voronége et les districts méridionaux du gouvernement de Tambow, forment une région transitoire de celle du froment d'hiver à celle du froment d'été, c'est-à-dire qu'on y sème l'un et l'autre, ce qui a lieu aussi en Crimée.

Un peu au nord de cette région, dans les gouvernements de Koursk, d'Orel, de Tambow, et dans la partie méridionale du gouvernement de Riazan on cultive le froment d'hiver, mais les semailles de ce blé n'y sont pas considérables comparativement à celles du seigle.

Quant aux confins méridionaux et à toute la région du sud-est de la Russie, on y sème exclusivement le froment d'été; et c'est là que les semailles de ce blé atteignent les plus grandes proportions. Cette région du blé d'été est précisément la région des steppes, où l'été est chaud et l'hiver froid et sans neige, ce qui entrave la culture du froment d'hiver. Quelques parties du gouvernement de Stavropol font exception à cette prédominance du froment d'été, car le froment d'hiver y constitue le blé principal.

Dans les gouvernements de l'est de la région moyenne on sème aussi le froment d'été.

Les proportions des semailles de froment dans diverses localités (à l'exception des ensemencements insignifiants) constituent pour chaque habitant de 1 à 6 tchetveriks, c'est-à-dire de $0,_{26}$ à $1,_{56}$ hectolitre; les ensemencements les plus considérables se font dans la région sud et sud-est de la Russie, ainsi qu'au nord du Caucase et en Crimée, et ensuite dans la plus grande partie du gouvernement de Kiew, dans la Podolie et le royaume de Pologne.

Les semailles de seigle s'étendent un peu plus au nord de la parallèle d'Arkhangel, et au sud elles aboutissent à la mer Noire et aux monts Caucase, quoique dans la région du sud et dans celle du sud-est les semailles de seigle font place au froment et au nord à l'orge. Ainsi donc les semailles de seigle prédominent dans la Russie moyenne, c'est-à-dire dans la partie septentrionale du tchernozème où le sol est déjà épuisé jusqu'à un certain point, et dans la région moyenne, privée de tchernozème, où le sol est en général pauvre. Dans différentes régions de la Russie les semailles de seigle constituent pour chaque habitant de $^1/_2$ tchetverik à 1 tchetvert, c'est-à-dire de $0,_{13}$ à $2,_{08}$ hectolitres. Les ensemencements les plus considérables s'étendent en bande, de Smolensk et Tchernigow, un peu au sud de Moscou dans la direction des monts Ourals, aboutissant aux districts de Birsk et d'Okhansk.

Les semailles de blés d'été (sauf le froment) constituent pour chaque habitant entre $^1/_2$ tchetverik et au-dessus de 1 tchetvert.

Enfin dans le royaume de Pologne, les provinces Baltiques, les gouvernements du nord-ouest et en Finlande, la culture de la pomme de terre, qui constitue dans ces pays un supplément très-important à l'alimentation des habitants, est considérablement développée.

# VII.

## COMMERCE DES GRAINS.

Importance des grains dans le commerce de la Russie. – Développement du commerce dans les dernières 15 années. — Le commerce à l'intérieur. – Exportation à l'étranger dans la période quinquennale, 1870-1874, calculée par année et par régions. Différentes régions de la Russie sous le rapport de l'exportation. – Ports principaux. – Importance des différentes céréales dans l'exportation. — Pays de destination du blé. – Prix des céréales (*).

---

Au nombre des articles de commerce en Russie les grains ont la plus grande importance, tant dans le commerce de l'intérieur que dans l'exportation à l'étranger. La quantité de grains chargée sur les chemins de fer russes constitue dans ces derniers temps près de 45 °/o de tous les transports. Les grains transportés par les bateaux à vapeur représentent aussi une quantité pareille. Enfin, les grains occupent la première place dans l'exportation russe.

Le commerce des grains est devenu notablement plus important dans les dernières quinze années. L'émancipation des serfs, la construction de tout un réseau de chemins de fer, le développement de la navigation à vapeur entre les principaux marchés de la Russie, le progrès de l'industrie, ayant contribué à une augmentation considérable de la production des céréales, ont élargi en même temps le commerce des grains et leur exportation à l'étranger.

Le développement du commerce a mis fin, en premier lieu, à la stagnation des grains dans les localités où le blé n'avait aucun débit, par suite du manque de voies de communication faciles. Les régions des différents ports et des marchés se sont considérablement étendues, et les grains arrivent maintenant des localités les plus éloignées. C'est ainsi que toute une zone dans la Russie moyenne, qui occupait le milieu du gouvernement de Kiew, une partie de la Podolie, du gouvernement de Poltava, de ceux de Koursk et de Kharkow, dont les grains n'avaient aucun écoulement par suite de l'éloignement des ports et des grandes villes, envoie dans ces derniers temps des chargements considérables de grains aux ports de la mer

---

(*) *Sources:* Travaux de l'expédition chargée de l'enquête sur le commerce des grains par les Sociétés Impériales Géographique et Economique; Comptes-rendus des chemins de fer; Revues du commerce extérieur, etc.

Noire et de la Baltique, et surtout directement à l'étranger par les chemins de fer de l'est de l'Allemagne. Le Caucase septentrional, qui vers l'année 1860 manquait encore de blé, exporte aussi aujourd'hui une quantité notable de grains par les ports de la mer d'Azow. Les grains commencent déjà à s'écouler, quoiqu'en quantités encore peu considérables, des terres occupées par les Kalmouks, dans le pays du Don et par les Baschkirs dans le pays de l'Oural. Enfin de petites quantités de froment sont apportées même de Sibérie à Pétersbourg, pour l'exportation à l'étranger.

Le commerce des grains se divise en commerce intérieur et en commerce d'exportation. La quantité des grains qui forme l'article du commerce intérieur constitue le plus grande partie, — $^4/_7$ environ, et l'exportation prend environ $^3/_7$ des excédants du blé que produisent les parties les plus fécondes de la Russie. Nous avons déjà dit ci-dessus que le manque de céréales se fait principalement sentir dans la moitié septentrionale de la Russie, qui est alimentée spécialement par la zone du tchernozème. De toute la moitié septentrionale de la Russie d'Europe, il n'y a qu'une seule localité qui produise un excédant considérable de céréales: — ce sont les districts méridionaux du gouvernement de Viatka. Cette contrée vend son excédant aux localités avoisinantes des gouvernements de Nijni-Novgorod, de Kostroma et de Perm, et au pays de la Pétchora. Une partie de cet excédant est envoyée aussi à Arkhangel, tant pour les besoins de l'alimentation de la population locale, que pour l'exportation à l'étranger, par la mer Blanche ; la principale céréale exportée de cette contrée est l'avoine. Une partie encore de cet excédant est flottée par la Kama dans le Volga.

Plus loin, vers l'est, le pays des usines métallurgiques de Perm s'alimente des céréales venant du sud, des localités du tchernozème les plus proches, et des districts transouraliens du tchernozème des gouvernements d'Oufa et d'Orenbourg.

Quant aux localités, situées le long du Volga, qui souffrent du manque de céréales, ainsi que celles qui se trouvent entre le Volga et Pétersbourg, elles s'approvisionnent principalement du blé des localités du tchernozème, disposées le long du cours inférieur du Volga et de ses affluents: de la Kama, du cours inférieur de l'Oka avec leurs affluents de la Soura et de la Sviaga. Les céréales de ces localités parviennent aussi par la voie de St-Pétersbourg en Finlande dans les années de mauvaise récolte en ce pays. Moscou et la contrée avoisinante s'alimentent des céréales venant des gouvernements de Riazan, de Toula, d'Orel, de Tambow. Ces dernières localités approvisionnent aussi les gouvernements de Kalouga, de Smolensk, de Pskow, la Russie-Blanche et la Lithuanie en cas de mauvaise récolte dans cette dernière.

Astrakhan et la Transcaucasie (cette dernière en cas de mauvaise récolte), s'approvisionnent des blés des localités situées sur le cours inférieur du Volga, d'où, s'il est nécessaire, le blé pénètre même en Perse par la mer Caspienne; du reste cette dernière exportation n'a pas lieu constamment et atteint des dimensions insignifiantes.

C'est le seigle qui occupe la première place dans le commerce de l'intérieur.

L'exportation moyenne de la période quinquennale 1870-1874 constituait environ 21,500,000 tchetverts de céréales. L'exportation des principaux grains par année est répartie comme suit:

| | Froment. | Seigle. | Avoine. | Autres grains | Total des grains. |
|---|---|---|---|---|---|
| 1870 | 9,649,728 | 3,042,096 | 4,173,307 | 4,198,571 | 21,063,702 |
| 1871 | 11,526,404 | 3,900,729 | 4,742,788 | 3,062,367 | 23,232,288 |
| 1872 | 9,847,839 | 2,728,361 | 1,396,868 | 1,975,115 | 15,948,183 |
| 1873 | 6,957,164 | 7,389,182 | 3,437,940 | 2,919,850 | 20,704,136 |
| 1874 | 8,225,353 | 9,708,479 | 5,373,027 | 3,542,870 | 26,849,729 |
| Moyenne | 9,241,298 | 5,353,769 | 3,824,786 | 3,139,755 | 21,559,608 |
| 1875 | 9,499,913 | 5,704,304 | 4,893,211 | 2,317,123 | 22,414,551 |

Ce tableau constate que le principal blé exporté est le froment, qui constitue 42 % de toute la quantité exportée. Ensuite vient le seigle—25 % environ, l'avoine —17 % et l'orge —7 %. Les autres grains n'occupent comparativement qu'une petite place dans l'exportation.

Quant aux localités d'où les céréales sont exportées à l'étranger, les chargements de grains sont répartis comme suit:

| | EXPORTÉS PAR | | | |
|---|---|---|---|---|
| | la mer Blanche | la mer Baltique | les mers Noire et d'Azow | la frontière de terre. |
| | tchetverts. | | | |
| Froment | 440 | 833,168 | 7,462,791 | 924,388 |
| Seigle | 48,409 | 2,090,226 | 953,429 | 2,261,545 |
| Orge | 1 | 481,903 | 792,312 | 276,673 |
| Avoine | 343,871 | 2,522,070 | 372,730 | 586,134 |
| Maïs | — | — | 407,702 | 173,231 |
| Pois | 12 | 16,856 | 14,544 | 157,584 |
| Haricots | — | 2,341 | 905 | 1,267 |
| Gruau de millet | 42 | 1,266 | 38 | 9,905 |
| Gruau de sarrasin | 4,310 | 131,772 | 130 | 82,551 |
| Sarrasin | — | 23,477 | 13 | 58,350 |
| Millet | — | 21 | 474 | 8,838 |
| Farine | 63,466 | 187,677 | 145,026 | 39,220 |
| Son (de farine) | — | 2,227 | 8,835 | 61,505 |
| Total | 460,551 | 6,293,004 | 10,158,929 | 4,641,191 |

Nous voyons, d'après ce tableau, que la plus grande partie des grains est exportée par les ports méridionaux, — ceux de la mer Noire et de la mer d'Azow. L'exportation par ces ports constitue 47 % de tous les grains exportés de Russie; viennent ensuite les ports de la Baltique, qui livrent 29 %; enfin une quantité assez grande, nommément 21 %, est exportée par la frontière de terre. La mer Blanche ne livre que 2 %.

Sous le rapport des espèces de céréales exportées par différentes localités, chacune d'elles se distingue par son caractère particulier. La principale céréale exportée par les ports du midi est le froment. Ces mêmes ports (et notamment Odessa) exportent la plus grande partie du maïs que livre la Russie. Les ports de la Baltique exportent surtout de l'avoine et en second lieu du seigle. Par la frontière de terre on exporte principalement du seigle, quoique une quantité assez considérable de froment soit livrée tant par la frontière de terre que par les ports de la Baltique.

Parmi les ports du midi, Odessa tient le premier rang, quoique son commerce soit gêné dans ces derniers temps par la concurrence des autres ports, et en partie par l'exportation directe à l'étranger par la frontière. Le chemin de fer de Kharkow à Nicolaïew, construit récemment, a détourné vers Nicolaïew les chargements de grains de la partie est de la région d'Odessa, tandis que le chemin de fer de Kiew à Brest-Litovsk a détourné les grains de la partie septentrionale des gouvernements de Kiew, de la Podolie et de Poltava, vers la frontière ; de sorte que la région d'Odessa est réduite aujourd'hui au gouvernement de Kherson, moins la partie orientale de ce dernier, aux parties méridionales des gouvernements de Kiew et de la Podolie, et à la Bessarabie. Odessa subit aussi une concurrence considérable qui lui est faite dans ces dernières années par les ports de la mer d'Azow qui se développent de plus en plus: Taganrog, Rostow, Marioupol, Berdiansk et Temruk, puisant leurs cargaisons de céréales de la contrée fertile des steppes, qui se peuple de plus en plus et dont la production se développe rapidement. Sébastopol, récemment réuni par un chemin de fer aux gouvernements du tchernozème de l'intérieur, présentera à Odessa une concurrence de plus.

La région de tous les ports du midi peut être approximativement limitée au nord par une ligne tracée du milieu de la Podolie, des gouvernements de Kiew et de Poltava, par la frontière sud du gouvernement de Koursk sur Voronége et de là dans la direction de Kamichine sur le Volga. Toute la localité au sud de cette limite, ainsi que le Caucase septentrional, envoient l'excédant de leurs céréales par les ports de la mer Noire et de celle d'Azow. Outre les blés, cette localité exporte encore à l'étranger beaucoup de graines de lin.

La localité située au nord de cette ligne envoie ses céréales à l'ouest dans différentes directions, nommément: sa partie orientale, c'est-à-dire la contrée qui longe le Volga, livre tout son blé à Pétersbourg; les gouvernements situés plus à l'ouest, — ceux de Tambow, de Riazan et de Toula, envoient leurs céréales à Moscou et à Pétersbourg, quoiqu'une partie des transports de blé de cette localité aille dans la direction de Riga ainsi que directement vers les chemins de fer de l'est de l'Allemagne, et principalement en Prusse, pour leur chargement à Koenigsberg. Les gouvernements situés encore plus à l'ouest, — ceux d'Orel et de Koursk, envoient aussi leurs blés à l'ouest: soit droit à l'étranger, par la frontière, soit aux ports méridionaux de la Baltique.

Le principal port de la Baltique est Pétersbourg. Sa région s'est élargie surtout dans ces derniers temps. Il prend les grains d'au delà de Moscou, à partir de Voronége, de Borissoglebsk et des frontières du gouvernement de Saratow, de la région du Volga (de tout le gouvernement de Saratow, à partir de Tzaritzine, des gouvernements de Simbirsk, de Samara, de Kazan et de Nijni-Novgorod), de la rivière Soura dans le gouvernement de Penza, du cours inférieur de l'Oka avec ses affluents, — la Tzna et la Mokcha; de la Kama avec ses affluents; savoir: Bélaïa, qui reçoit les cargaisons venant du gouvernement d'Oufa, la rivière Viatka qui flotte les céréales du gouvernement de Viatka, et enfin la Tchoussovaïa, qui reçoit les charges de blé venant de la Sibérie occidentale. En outre il recueille, le long du cours supérieur du Volga et des canaux qui unissent ce fleuve au golfe de Finlande, des charges d'avoine et de graines de lin. Presque tout le froment qui passe par la Baltique vient de Pétersbourg et les autres ports de cette mer ne peuvent faire à la capitale une concurrence considérable. C'est pour cette raison que le commerce des grains à Pétersbourg se développe de plus en plus depuis la construction des chemins de fer.

Enfin toute la zone occidentale de la Russie moyenne, à partir presque de Koursk, envoie son blé directement à l'étranger par les chemins de fer.

La principale masse de céréales qu'exporte la Russie, tant par les ports de la Baltique que par ceux du midi, est livrée à l'Angleterre; une partie des blés qui vont par les chemins de fer en Prusse, est aussi chargée dans les ports prussiens pour le transport en Angleterre; le principal blé acheté par l'Angleterre est le froment. Ensuite des quantités de blé considérablement moindres vont en France et en Allemagne. La France reçoit, pour la plus grande partie, le blé qui passe par les ports de la mer Noire et de celle d'Azow, et principalement le froment. L'Allemagne reçoit les céréales de la zone moyenne de la Russie et des ports de la Baltique, et principalement le seigle. Après ces différentes contrées c'est l'Italie qui, parmi les pays européens, reçoit de la Russie la plus grande partie de ses céréales ; quant aux autres pays, l'exportation de la Russie y est tout à fait insignifiante.

Les prix des céréales de toute espèce sont les plus bas dans le pays situé au-delà du Volga et surtout dans les gouvernements d'Orenbourg et d'Oufa. Ensuite, les prix un peu plus élevés embrassent la zone centrale de la Russie qui s'étend de la moitié inférieure du Volga et se rétrécit vers Kamenetz-Podolsk. Les prix encore plus élevés se rencontrent dans les gouvernements situés au sud de cette zone et au nord d'elle jusqu'aux bords de la Baltique et de la mer Blanche. Les prix les plus élevés se rencontrent dans le royaume de Pologne, dans les provinces Baltiques et les gouvernements de Pétersbourg, d'Olonetz et d'Arkhangel. Le prix moyen du froment dans le pays d'au delà du Volga est de 5 roubles environ le tchetvert ; dans le gouvernement de Viatka et dans la zone centrale de 7 r. à 7 r. 50 c. ; un peu plus au nord de 8 r. à 8 r. 50 c. ; encore plus au nord, ainsi que près de la mer Noire et de celle d'Azow, de 9 r. et 10 r. ; enfin dans les provinces Baltiques, le royaume de Pologne et le gouvernement de Pétersbourg il est de 11 r. à 11 r. 50 cop. Les prix moyens du seigle dans les mêmes régions montent de 3 r. 50 c. à 7 r. 50 c. ; les prix de l'avoine de 1 r. 50 c. à 4 r. 50 c.

# VIII.

## CULTURES SPÉCIALES.

Culture des plantes textiles et à graines oléagineuses. — Lin. — Régions de la culture du lin. — Quantité et valeur de la production. — Chanvre. — Commerce en lin et chanvre. — Exportation. — Coton. — Navette et colza. — Tournesol. — Betterave. — Tabac. — Garance. — Houblon. — Produits des jardins potagers. — Viticulture. (*)

---

*Culture des plantes textiles et à graines oléagineuses.* Les plantes à fibre textile cultivées en Russie sont le lin, le chanvre et le coton: ce dernier ne croît que dans les provinces du Caucase et de l'Asie centrale. Le lin et le chanvre fournissent aussi une semence dont on extrait de l'huile. Les autres plantes à graines oléagineuses dont la culture est pratiquée en Russie sont: *la navette d'hiver et d'été, le colza, le tournesol, l'anis, le senevé* et *l'œillette* (ou le pavot); et dans la partie méridionale des provinces asiatiques, outre ces espèces encore le *sésame* (sesamum orientale).

*Lin.* Comme objet de consommation et d'usage domestiques, le lin est semé dans toutes les parties de la Russie, à l'exception de l'extrême Nord; mais comme article de commerce cette plante est cultivée dans trois régions principales: celle du *nord*, celle de *l'ouest* et celle du *sud*. Dans le premier rayon, c'est surtout pour la filasse qu'on le cultive; dans le second, tant pour la filasse que pour la semence; dans la troisième, presqu'exclusivement pour la semence.

Dans le rayon *du nord*, le produit général de la fibre textile est évalué à plus de 4 millions de pouds, et celui de la graine à 5,000,000 tchetverts.

---

(*) *Sources principales:* Rapport de la commission d'enquête sur l'état actuel de l'agriculture en Russie. St-Pétersbourg. 1873. — Wilson: Texte explicatif à l'atlas économico-statistique de la Russie d'Europe. 1869. — Revue du commerce extérieur publiée annuellement par le Département des Douanes. — Journal de l'agriculture publié par le Ministère des Domaines.

Dans cette région ce sont surtout les gouvernements de Viatka, de Kostroma et quelques districts de ceux de Vologda, de Iaroslaw et de Vladimir qui présentent le plus grand développement de la culture linière.

Le rayon *de l'ouest*, où l'on cultive le lin spécialement comme plante textile, comprend les provinces Baltiques et les gouvernements contigus: ceux de Pskow, de Vitebsk, de Kovno, de Vilna, de Grodno, de Minsk, de Mohilew et de Smolensk. Un calcul approximatif évalue les produits liniers de cette région à 8,000,000 pouds de filasse. Le principal centre de cette culture se trouve dans les districts de l'ouest du gouvernement de Pskow, qui fournissent à eux seuls jusqu'à 3,000,000 pouds.

Les gouvernements de Kherson, d'Ekatérinoslaw, les parties méridionales de la Bessarabie, de la Podolie, des gouvernements de Kiew, de Poltava, de Kharkow, de Voronége, de Tambow et de Saratow, ainsi que le pays des Cosaques du Don, du Kouban et le littoral oriental de la mer Noire et de celle d'Azow, composent le *rayon méridional;* ici le lin est cultivé pour sa semence, car la fibre textile est de qualité fort inférieure, grâce aux sécheresses fréquentes qui désolent ces parages. Cependant quelques grands propriétaires des gouvernements de Poltava et d'Ekatérinoslaw ont fait récemment des essais de culture linière exclusivement pour la filasse. Cette région produit annuellement de la graine de lin dans une quantité de 800,000 tchetverts.

En compulsant les chiffres donnés par chaque région, on verra que la totalité des produits liniers s'élève à 12,000,000 pouds de filasse et à 2,500,000 tchetverts de graine de lin. Si nous fixons le prix moyen d'un poud de filasse à 4 roubles, et celui d'un tchetvert de semence à 10 roubles, nous aurons une valeur totale de 48,000,000 roubles pour la filasse, et 25,000,000 roubles pour la graine, ce qui donne pour les deux produits de la culture linière une somme de près de 75,000,000 roubles par an.

*Chanvre.* On sème le chanvre pour les usages domestiques dans plusieurs endroits de la Russie, jusqu'à 58° latitude nord; mais la culture industrielle en est localisée dans une région assez restreinte de la Russie centrale, qui embrasse les gouvernements d'Orel (à l'exception des districts d'Eletz et de Livny), de Smolensk, de Mohilew, les parties septentrionales de ceux de Tchernigow et de Koursk, les parties méridionales de Kalouga, de Toula, de Riazan et la partie sud-ouest du gouvernement de Tambow. Ici le chanvre est toujours cultivé pour sa fibre textile, mais sa graine sert aussi à l'extraction de l'huile. La plus grande quantité de chanvre est fournie par le gouvernement d'Orel (1,560,000 pouds); ensuite viennent: celui de Tchernigow (500,000 pouds), de Kalouga (405,000 pouds), et de Smolensk (jusqu'à 450,000 pouds); de sorte que ces quatre gouvernements pris ensemble produisent à eux seuls près de 3,000,000 pouds. Dans les autres cinq gouvernements du rayon de la culture chènevière, la production en est moindre; mais si l'on met aussi en ligne de compte ceux des gouvernements qui ne cultivent le chanvre que pour les besoins de la consommation locale, on trouvera que le total du chanvre qui vient en Russie donne un chiffre de près de 6,000,000 pouds. A côté de ce rendement textile, la quantité de la graine de chènevis est évaluée à 2,500,000 tchetverts.

Comme le prix local d'un berkovetz (= 10 pouds) de chanvre ne va pas au delà de 20 roubles, et celui d'un tchetvert (= 8 pouds) de graine, est ordinairement de 5 roubles, la valeur totale du produit brut fourni par la culture du chanvre est représentée par une somme de 25,000,000 roubles par an.

*Commerce en lin et chanvre.* Le commerce intérieur de la filasse destinée à satisfaire les besoins de l'industrie locale soit domestique, soit celle des fabriques, trouve ses principaux débouchés dans les foires et sur les marchés; cependant, dans ces derniers temps, on voit des accapareurs s'emparer des produits de la culture chènevière en masses, par l'entremise de commissionnaires.

Mais outre la consommation intérieure, le lin et le chanvre trouvent encore des débouchés extérieurs considérables; ainsi, dans les dernières années 1874 et 1875, il en a été exporté pour l'étranger:

| | 1874. | 1875. | |
|---|---|---|---|
| Lin brut . . . . . . . . | 9,989,270 | 9,451,822 | pouds. |
| Lin en étoupes . . . . . | 691,549 | 636,570 | » |
| Chanvre brut . . . . . | 3,808,892 | 3,334,035 | » |
| Chanvre en étoupes . . | 60,356 | 88,115 | » |
| Filé de lin et de chanvre . | 291,097 | 229,046 | » |
| Graines de lin et de chanvre | 2,948,197 | 2,587,528 | tchetverts. |
| Huile de lin et de chanvre . | 54,131 | 12,430 | pouds. |

L'exportation de ces produits est principalement servie par les ports de la mer Baltique, dont Riga exporte surtout le lin, et St-Pétersbourg — le chanvre. Les ports de la mer Noire et de celle d'Azow, qui n'ont presque aucune part dans l'exportation du lin ni du chanvre, en expédient la graine dans la proportion de 4 % du produit total. D'après ces données, l'exportation étrangère des produits du lin et du chanvre peut être évaluée à un total de plus de 100,000,000 roubles par an.

*Coton.* La culture du coton n'est pratiquée en Russie que dans les provinces transcaucasiennes et quelques provinces nouvellement conquises de l'Asie centrale. C'est surtout dans le gouvernement d'Erivan et dans le district de Kouban (gouvernement de Bakou), que se concentre cette culture; elle est moins répandue dans le gouvernement de Koutaïs, mais le coton de cette province se distingue en revanche par sa qualité supérieure, surtout dans les districts de Charopan, de Koutaïs et d'Ozourghète.

La moyenne du coton exporté par les provinces transcaucasiennes donne actuellement près de 150,000 pouds. En admettant que le prix moyen d'un poud de coton est de 8 roubles, la production totale de cet article sera représentée par une valeur de 1,200,000 r. Le coton de cette région reste sur place et n'est point exporté à l'étranger. Nous manquons de renseignements sur les proportions de la culture du coton dans le Turkestan, où elle est répandue dans les environs de Taschkent et de Khodjent, et le cède beaucoup en qualité à celui de Boukhara. Cependant des essais d'amélioration ont été récemment introduits au profit de cette culture.

*Navette et colza.* La culture de ces deux plantes oléagineuses ne se fait en Russie que sur une échelle fort restreinte, et encore n'est-ce que dans un coin de la Russie du sud-ouest, et dans quelques grandes propriétés des gouvernements de l'ouest. En général cette culture n'est pratiquée que dans les grandes économies; les petits ménagers s'en abstiennent, d'abord parce qu'elle est trop coûteuse, et puis parce que la récolte en est souvent précaire. Le produit total que donnent annuellement la navette et le colza en graine oléagineuse, figure pour une moyenne de 60,000 tchetverts, dont $^5/_6$ sont fournis par le colza et $^1/_6$ par la navette. En admettant que le prix moyen d'un tchetvert de graine de colza est de 5 roubles et celui de la navette de 10 r., le revenu brut de cette culture peut être évalué approximativement à 500,000 roubles.

Presque toute la quantité des graines de colza et de navette produites en Russie est expédiée par les ports du sud et en partie par la frontière sèche, sur les marchés étrangers, de sorte qu'il n'en reste que très-peu pour la consommation intérieure et pour l'extraction de l'huile, qui ne figure jamais comme article de commerce.

*Tournesol.* C'est dans le district de Birutch du gouvernement de Voronége qu'on sème le plus le tournesol, à ce point qu'il y couvre une étendue de 20,000 déciatines; il vient aussi dans les districts d'Ostrogojsk, de Valouïki et de Bobrovsk du même gouvernement, dans quelques localités du gouvernement de Saratow et dans le district de Mirgorod du gouvernement de Poltava. Il est impossible de déterminer avec précision l'espace occupé par les plantations de tournesol; mais en admettant que toutes les localités ci-dessus mentionnées, sauf le district de Birutch, en produisent pour le moins trois fois autant que ce district, l'étendue totale des semis de tournesol peut être évaluée à près de 80,000 déciatines. Le rendement moyen d'une déciatine est ordinairement de 100 pouds de graines de tournesol, et le prix moyen en est de 50 copeks le poud; de sorte que la récolte annuelle donnant à peu près 8,000,000 pouds de grains, le revenu produit par le tournesol peut être fixé à plus de 4,000,000 roubles. Cette graine n'est exportée pour l'étranger qu'en quantité minime, servant presque exclusivement aux besoins de la population locale. L'huile extraite du tournesol est fort goûtée en Russie, et son prix de vente est deux fois plus élevé que celui de l'huile de lin et de chènevis.

Pour ce qui est des autres plantes oléagineuses, *l'anis* est cultivé dans les gouvernements de Voronége et dans la Podolie; le *sénevé* — dans la partie méridionale du gouvernement de Saratow; le *sésame* dans le sud extrême des provinces asiatiques de la Russie. L'œillette vient en petites quantités presque dans toute la région sud du tchernozème. En général, la culture de ces plantes se fait sur une échelle trop restreinte pour présenter quelque importance industrielle: cependant l'exportation étrangère des graines de colza, de tournesol et d'œillette est représentée par une somme de 3,500,000 roubles (*).

*La betterave*. La culture de la betterave a pris dans les dernières années une grande extension, grâce au développement rapide de l'industrie sucrière en Russie. En 1860 les plantations de betteraves occupaient une étendue de 86,000 déciatines, appartenant tant aux fabriques de sucre qu'aux particuliers; et la quantité de la betterave récoltée et livrée à la fabrication était de 5,632 berkovetz (= 10 pouds). Depuis, cette culture a subi un certain décroissement, de courte durée cependant, car dès l'année 1864 elle a toujours tendu à s'accroître, pour aboutir dans les dernières années à une moyenne de 123,000 déciatines plantées de betteraves, dont le rendement annuel s'élève jusqu'à 95,000,000 berkovetz. Donc, il y a eu dans cet espace de temps un accroissement de 44 % pour le terrain planté de betteraves, et de 51 % pour la récolte. Outre cela, la Pologne plante des betteraves sur une étendue de 17,500 déciatines et en recueille annuellement plus de 1,000,000 berkovetz. Au prix moyen de 1 rouble le berkovetz, la récolte totale de la betterave en Russie représente une valeur de 15,000,000 roubles.

(*) Ce chiffre, si élevé comparativement à la production, est expliqué par la circonstance que les semences destinées pour les marchés étrangers sont de qualité supérieure et se vendent à de plus hauts prix que ceux qui existent sur les lieux de production.

L'industrie sucrière, et partant la culture de la betterave, atteignent leur maximum dans les gouvernements de Kiew, de Podolie, de Kharkow, de Tchernigow, de Koursk, de Volhynie, de Voronége, de Tambow, de Toula; elle est aussi pratiquée sur une échelle bien plus restreinte dans la Bessarabie et les gouvernements d'Orel, de Poltava, de Mohilew, de Minsk, de Riazan, de Penza et quelques autres. Il faut noter, cependant, que plus de la moitié de tous les terrains affectés en Russie à la culture de la betterave, appartient au gouvernement de Kiew. Toute la betterave récoltée en Russie est élaborée exclusivement dans les fabriques à sucre locales.

*Tabac*. La culture du tabac est répandue dans plusieurs localités de la Russie méridionale, et en partie dans celles de la Russie centrale; mais elle n'est pratiquée sur une vaste échelle que dans la Petite-Russie, la Bessarabie et les provinces riveraines du Volga. De toutes les parties de la Russie, c'est dans la Petite-Russie que le tabac a été le plus anciennement cultivé, et c'est surtout dans les gouvernements suivants que la culture en a atteint les plus grandes dimensions: le gouvernement de Tchernigow, qui produit annuellement jusqu'à 916,000 pouds de tabac; de Poltava — 659,000 pouds, la Bessarabie — 500,000 p., le gouvernement de Samara — 120,000 p., de Voronége — 49,000 p., de Kharkow — 46,000 p., la Tauride — 37,000 p., le gouvernement de Tambow — 36,000 p., de Volhynie — 30,000 p., de Saratow — 20,000 p., de Podolie — 18,000 p., et de Toula — 15,000 pouds. En proportion plus faible le tabac est cultivé dans presque tous les gouvernements de la région méridionale, dans ceux de la région sud du tchernozème, et ceux de l'ouest. Il se trouve donc que la récolte annuelle de tabac dans la Russie d'Europe donne plus de 3,000,000 pouds. Outre cela, on en recueille dans les provinces du Caucase plus de 75,000 p. et en Sibérie 27,000 p., ce qui, ajouté au chiffre précédent, donne un total de près de 3,102,000 pouds. En estimant le prix moyen d'un poud de tabac à 2 roubles, on trouvera la valeur totale du tabac cultivé en Russie, représentée par un chiffre de 6,204,000 roubles. Quant à la répartition des différentes espèces de tabac, c'est au sud de l'Empire que l'on en plante les meilleures, employant pour cela les semences des tabacs américains et surtout turcs. Les tabacs de la Bessarabie et de la Crimée sont, à l'heure qu'il est, le plus estimés en Russie. La Petite-Russie sème presqu'exclusivement des tabacs de qualité inférieure et provenant des semences d'espèces indigènes, comme: *makhorka*, *tutioune* et autres; dans les provinces riveraines du Volga on fait la culture des espèces supérieures et inférieures presque en parties égales.

Le tabac récolté en Russie est presqu'exclusivement destiné à la consommation intérieure et est expédié des lieux de son produit dans les différentes parties de l'Empire, assorti d'après sa qualité. Celui de la Nouvelle-Russie trouve son écoulement en partie dans les fabriques locales, surtout celles d'Odessa, en partie aussi dans les gouvernements de l'intérieur et les capitales. Pour ce qui est des tabacs cultivés dans la Petite-Russie, la *makhorka* (tabac en feuilles de qualité inférieure) est d'un grand débit surtout dans les gouvernements de la Grande-Russie, dans les provinces transcaucasiennes et en Sibérie, pour laquelle la foire d'Irbit sert d'entremise. Les espèces plus fortes de ce tabac servent à la préparation du tabac à priser, — les moins fortes à celle du tabac à fumer. Le tabac des espèces américaines et allemandes est expédié pour les capitales, et surtout pour Riga, où il est manufacturé en cigares et en tabac haché. Les tabacs des gouvernements riverains du Volga, surtout le tabac nommé *russe*, est dirigé principalement sur Kazan, Astrakhan et Orenbourg, qui le font passer dans les steppes des Kirghizes et des Kalmouks. Quant au tabac turc et aux tabacs allemands de qualité supérieure, ils sont destinés pour les fabriques de tabac haché et de cigares, les espèces inférieures en étant expédiées par St-Pétersbourg pour la Finlande.

*Garance*. La garance est presque la seule plante tinctoriale cultivée en Russie; elle croît à l'état sauvage dans le sud du pays des Cosaques du Don et dans les provinces du Caucase.

La culture de la garance a son centre principal dans le district de Kouban du gouvernement de Bakou et dans les environs de Derbent; son rendement moyen dans ces dernières années a été de 200 à 300 milliers de pouds par an. Payé par les marchands qui viennent l'acheter sur les lieux de son produit, de 7 à 8 roubles par poud, l'alizari (racine de garance) constitue une branche fort importante du commerce d'exportation du Caucase. La garance est employée exclusivement par les fabriques de teintureries de l'intérieur de la Russie. Cependant l'extension rapide qu'ont prise dans ces derniers temps les substances colorantes à l'aniline, a produit une diminution sensible de demande de la garance, au grand détriment de cette culture.

Outre la garance on cultive encore au Caucase, en fait de plantes tinctoriales, le safran et le carthame; mais les proportions en sont tout à fait insignifiantes, et d'ailleurs nous manquons de données sur cet article.

*Houblon*. Le houblon, comme plante épicée, est cultivé dans plusieurs endroits de la Russie; mais comme article d'industrie, la culture en est principalement concentrée dans une localité située sur la limite des gouvernements de Moscou et de Riazan, portant le nom de «Gousslitzy». La culture du houblon y est localisée dans les parties méridionales des districts de Bogorodsk et de Bronnitzy (gouvernement de Moscou), et dans la partie septentrionale du district d'Egorievsk (gouvernement de Riazan), localités longeant le cours des rivières de Gousslitzy et de Nerskaïa. L'étendue du terrain couvert de houblonnières occupe à peu près 26,000 déciatines, qui donnent annuellement une récolte moyenne de 156,000 pouds de houblon. Après Gousslitzy, c'est le gouvernement de Kostroma qui pratique en grand cette culture, couvrant de houblonnières les prairies riveraines submersibles (inondées par la Kostroma, lors de la crue des eaux), sur une étendue de 6,000 déciatines; ensuite Kassimow (gouvernement de Riazan), Souzdal (gouvernement de Vladimir), quelques endroits du gouvernement de Nijni-Novgorod, et quelques autres. En somme, cette culture occupe jusqu'à 35,000 déciatines. La récolte du houblon donnant une moyenne annuelle de 60 pouds par déciatine, le total en accuse 2,100,000 pouds. Comme on le vend sur les lieux de production à 4 ou 5 r. le poud, il se trouve que le produit de la culture du houblon représente une valeur de près de 10 millions de roubles. Le houblon sert presqu'exclusivement à la consommation intérieure, et trouve ses principaux débouchés à Moscou et à St-Pétersbourg; cependant une certaine quantité en est exportée dans quelques chefs-lieux de gouvernement, et même en Sibérie. L'exportation extérieure du houblon a compté dans ces dernières années jusqu'à 4 à 6,000 pouds en moyenne, pour une somme de près de 25,000 r. par an.

*Produits des jardins potagers.* La culture potagère servant aux besoins domestiques est répandue dans toute la Russie, et offre un support essentiel aux modiques ressources du ménage des paysans. Comme branche séparée de l'industrie agricole, elle trouve son plus grand développement dans les villages avoisinant les villes et surtout les capitales : un débit facile et assuré garantissant aux cultivateurs de beaux profits, et faisant du sol affecté aux potagers un placement fort lucratif. Les localités où la culture des légumes atteint ses plus grandes dimensions, sont les districts de Roslavl, de Poché-khonié, de Rybinsk et d'Ouglitch, qui font partie du gouvernement de Iaroslaw. Les espèces les plus répandues sont les choux, les pois, les fèves, et la ciboule. En Bessarabie on cultive encore en grande quantité le poivre siliqueux et les tomates rouges et bleues, qui forment un mets des plus friands de la population locale.

En thèse générale, la culture potagère se trouve à un haut degré de prospérité, grâce à une demande de produits potagers constante et libre de toutes fluctuations.

*Viticulture.* La région de l'industrie vinicole en Russie occupe la partie la plus méridionale de notre Empire et n'atteint au nord que le 49° de latitude septentrionale. Elle comprend principalement la Bessarabie et la Tauride, quelques parties des gouvernements de Kherson, du Kouban et du Térek, les provinces du Caucase, et celle du Don; pour ce qui est des gouvernement d'Ekatérinoslaw et de la partie méridionale de la Podolie, quoique appartenant à la zone vinicole, ils ne produisent qu'une quantité de vins fort insignifiante. Autrefois les environs d'Astrakhan faisaient aussi partie de cette zone; mais actuellement la viticulture n'y sert qu'à la production du raisin de table, qui trouve un vaste et facile débit, grâce aux bateaux à vapeur qui, faisant le service du Volga, le transportent jusqu'à Moscou et St-Pétersbourg.

Parmi les localités qui pratiquent la viticulture, le premier rang est assuré à la Tauride par la qualité supérieure du vin qu'elle produit. Le centre de la production vinicole dans cette province est présenté par la Crimée. Sa côte méridionale est plantée des meilleurs vignobles, surtout dans le district de Yalta; ceux des vallées d'Alouchta, de Soudak et autres et ceux des environs de la ville de Théodosie viennent immédiatement après; le troisième rang est occupé par les vallées de l'Alma, de Katcha, de Belbek, de Bounganak et de la Tchernaïa. La grande extension et l'amélioration de l'industrie vinicole au sud de la Crimée a été puissamment servie par le jardin impérial de Nikitsky fondé en 1812, et l'école de viticulture de Magaratch (1828).

Ces deux établissements, qui cultivent, le premier plus de 400 espèces de raisin, et le second près de 300, en fournissent des ceps aux vignerons non-seulement de la Crimée, mais de beaucoup d'autres endroits. Outre cela l'école de viticulture de Magaratch est un établissement modèle pour toute la côte méridionale de la Crimée, et les vins de ses crus ont une renommée justement célèbre, comme les meilleurs de cette contrée. Après ces vins, les plus estimés sont ceux des vignobles de la Livadie, et des vignes appartenant au prince Vorontzow, à MM. Maltzew, Raïevsky, Kniajévitch et autres.

La Bessarabie possède jusqu'à 25,000 vignobles; les meilleures cultures en sont concentrées près d'Ackerman et sur toute la rive gauche du liman du Dniestr, ainsi que dans les districts de Bendéry et de Kichinew. La totalité du vin produit en Bessarabie est évaluée à 3,000,000 védros par an. Ces vins le cèdent cependant en qualité aux vins de la Crimée, tant à cause des procédés défectueux de préparation, que parce qu'il n'est pas (assez reposé) propre à être conservé; il y a cependant quelques vignobles dans le district d'Ackerman et dans les environs de Kichinew, qui rivalisent avec les meilleurs crus de la Crimée. Dans le gouvernement de Kherson, le rayon de l'industrie vinicole n'embrasse qu'une étendue assez restreinte, dans sa partie sud-ouest; la totalité des vignobles occupe à peu près 73,000 déciatines, dont le rendement annuel est de 380,000 védros. Dans le pays des Cosaques du Don les vignobles longent la rive droite montagneuse du Don; le meilleur vin est celui de Tsimliansk, et la production annuelle des vins du Don monte jusqu'à 150,000 védros.

Les provinces septentrionales du Caucase pratiquent la viticulture sur les rives du Térek et du Kouban, mais surtout dans les districts de Piatigorsk et de Kizliar, ainsi que dans les bourgs cosaques situés entre Mozdok et Kizliar. Le produit total est évalué ici à 3,300,000 védros.

Tous ces chiffres donnent un total de plus de 8,000,000 védros de vin produit dans la Russie d'Europe; si l'on y ajoute le vin des provinces transcaucasiennes, on aura un chiffre de 17,000,000 védros. Dans ces dernières provinces la viticulture est répandue partout, mais principalement dans le gouvernement de Koutaïs. Le meilleur cru du Caucase est celui de la Kakhétie (districts de Télava et de Signakh du gouv. de Tiflis). Le nombre des vignobles dans cette région tend à un accroissement constant, qui entraîne à sa suite un enchérissement du sol tout aussi constant.

Ainsi, par exemple, une déciatine de vignobles de qualité supérieure se vend ici au prix de 4,000 r. — La récolte moyenne de la Kakhétie peut être évaluée à 2,000 bouteilles par déciatine, ce qui, supputé par 20,000 déciatines de ceps, donne de $2^1/_2$ à 3 millions de védros. Un quart à peu près de cette quantité est consommé sur les lieux de production; le reste est mis en vente, principalement à Tiflis et dans les autres villes du Caucase. On en vend aussi à Pétersbourg.

Le point principal du commerce de vins russes est présenté par Nijni-Novgorod; la quantité de ces vins apportés à la foire qui se tient dans cette ville figure pour une somme de près d'un million de roubles — y compris les eaux-de-vie. Il faut noter, avec cela, qu'une quantité énorme de vins russes entre en vente sous le nom de vins étrangers. Quelques gros propriétaires de vignobles, — et leur nombre est assez restreint, — établissent des dépôts spéciaux pour leurs crus sur les grands marchés aux vins; tous les autres vendent leurs vins sur les lieux de production aux marchands étrangers. Le prix des vins est: en Crimée de 2 à 5 r. le védro, selon l'espèce et le degré de reposé; en Bessarabie — de 75 copeks à 2 r. 50 cop. Dans la province du Don jusqu'à 4 roubles le védro, et en Kakhétie de 60 cop. à 5 roubles.

En thèse générale, il faut dire que la viticulture a un grand avenir en Russie, quoique son état actuel soit encore loin d'être satisfaisant, tant par rapport aux procédés de culture qu'aux procédés de préparation et de conservation des crus.

# IX.

## ÉDUCATION DES ANIMAUX DOMESTIQUES.

Chiffres du bétail en Russie. — Considérations générales sur l'importance du bétail. — Conditions de l'élève du bétail dans différentes régions. — Entretien et nourriture. — Race chevaline. — Proportion numérique à la population. — Espèces des chevaux. — Haras. — Commerce des chevaux. — Race bovine. — Espèces des bêtes à cornes. — Commerce des bestiaux. — Race ovine. — Région de l'éducation des mérinos. — Commerce en laines. — Race porcine. — Exportation des produits animaux.

L'élève du bétail en Russie présente une grande et réelle importance. Nous avons déjà dit que le système triennal, qui est le mode d'assolement dominant dans notre pays, ne donne de bonnes récoltes qu'à la condition d'un abondant engrais, fourni principalement par le bétail; il en résulte donc que la question de l'élevage est étroitement liée au progrès de l'agriculture. L'importance du bétail en Russie s'accroît encore de sa valeur comme force de traction, vu les grandes distances et le mauvais état de la voirie dans notre pays. En dernier lieu, les produits fournis par le bétail assurent le développement de plus d'une branche de l'industrie manufacturière et offrent aux habitants différentes sortes d'aliments.

Le dénombrement du bétail en Russie en évalue le chiffre pour l'année 1872 comme suit:

| | Chevaux. | Gros bétail. | Brebis. | Porcs. | Chèvres. | Chameaux. | Rennes. | Total. |
|---|---|---|---|---|---|---|---|---|
| | En milliers de têtes. | | | | | | | |
| Russie d'Europe | 16,134 | 23,601 | 48,585 | 10,332 | 1,393 | 26 | 263 | 100,334 |
| Finlande | 263 | 1,013 | 908 | 225 | 25 | — | 45 | 2,479 |
| Caucase | 532 | 2,181 | 5,674 | 588 | 292 | — | — | 9,267 |
| Sibérie | 2,318 | 2,429 | 3,017 | 536 | 117 | — | 198 | 8,615 |
| Asie Centrale (*) | 2,323 | 755 | 7,203 | 13 | 277 | 323 | — | 16,894 |
| Total | 21,570 | 29,979 | 65,387 | 11,694 | 2,104 | 349 | 506 | 131,589 |

(*) A l'exception des provinces de Syr-Daria et de Sémirétchié, pour lesquelles les renseignements nous manquent.

Il s'ensuit que pour 100 habitants de l'Empire on compte 163 têtes de bétail; pour 100 dessiatines de terre arable — 120 têtes; et pour 100 dessiatines de prairies — 203 têtes. (Le rapport du bétail aux terres en culture et aux pâturages n'est indiqué que pour les possessions européennes de la Russie.)

Si l'on étudie le rapport numérique du bétail à la population et à l'étendue des terres en culture et des prairies — par gouvernements, on verra que l'élève du bétail subit des conditions fort différentes suivant les différentes localités. En effet, il y a des provinces où l'élevage constitue une branche d'industrie tout-à-fait indépendante de l'agriculture, comme, par exemple, l'élève des chevaux dans les steppes au delà du Volga et du Don; l'engraissage du gros bétail pour la boucherie dans la région sud-est; l'éducation de la race ovine dans les steppes de l'Asie centrale et de la Nouvelle-Russie; dans d'autres localités (région sud-ouest) l'élevage a pour but principal les bêtes de travail; dans d'autres encore, le bétail n'a de valeur que par le fumier qu'il fournit (région du nord). Quant à l'état plus ou moins florissant de l'élevage dans les diverses contrées de l'Empire, c'est dans les gouvernements de l'est, ceux du midi et les provinces Baltiques qu'il trouve les conditions les plus favorables pour son développement; les gouvernements limitrophes de ceux de l'est extrême et du midi, ainsi que ceux du nord, se rangent immédiatement après, tandis que les provinces de l'ouest, du sud-ouest et celles du centre n'offrent que de fort modiques ressources pour cette branche de l'économie rurale.

La prééminence des gouvernements du sud-est s'explique par le caractère pastoral de la culture en cette région; l'abondance du bétail dans les provinces Baltiques tient aux systèmes d'économie rurale bien supérieurs à la pratique agricole du reste de la Russie. Quant aux provinces du nord, c'est la pauvreté du sol, exigeant de vigoureux engrais, jointe à une grande étendue de prairies, qui assure à leurs habitants un élevage de bétail lucratif. Le chiffre modique d'animaux domestiques que donnent les provinces centrales et celles de l'ouest, relève principalement du manque de pâturages, auquel se joint dans les provinces centrales un grand développement de l'industrie manufacturière, qui détourne à son profit la population, de la culture agricole.

Pour ce qui est enfin des provinces du sud-ouest (gouvernements de Kiew, la Podolie, la Volhynie) la pénurie du bétail s'y explique par un sol riche (terreau noir), qui ne demande aucune espèce d'engrais; et d'ailleurs un élevage extensif y est rendu impossible par une densité de population considérable.

### Entretien et nourriture.

Les modes d'entretien et de nourriture donnés au bétail présentent une grande variété, selon le but que se propose l'éleveur, et selon la diversité des conditions locales. Dans les régions où prédominent les pâturages, savoir: plusieurs parties de la Sibérie et de l'Asie centrale, et quelques régions extrêmes de la zone sud-est de la Russie d'Europe au delà du Volga, l'élevage se fait dans les formes les plus simples. Bien qu'il constitue ici la principale et souvent la seule occupation des habitants, la vie semi nomade que mènent ces derniers, n'assure au bétail aucun soin particulier. D'énormes troupeaux de brebis et de gros bétail restent en pâtis, hiver comme été en plein air, vu l'absence complète d'étables, de bergeries, ou de toute autre construction qui garantisse les animaux des intempéries de l'air et du froid. Comme on ne fait presque pas de provision de fourrages pour l'hiver, tous les soins donnés aux bêtes se bornent à la recherche de nouveaux pâturages et de nouveaux abreuvoirs, ainsi qu'au déplacement des troupeaux dans des régions plus méridionales aux approches de l'hiver.

Un seul hiver rigoureux et neigeux, surtout s'il est accompagné de verglas, suffit quelquefois pour faire périr par le froid et le manque de nourriture d'immenses quantités de bétail. Le chiffre des têtes ne monte qu'en raison du croît, et les dimensions de l'élevage dans ces régions ne sont déterminées que par le nombre plus ou moins grand d'animaux nouveau-nés.

Dans la zone méridionale ou celle des steppes, l'élevage, bien qu'assez primitif, exige cependant certains soins pour l'entretien du bétail. Ce dernier, mis au pâtis pendant la plus grande partie de l'année, est rentré pour l'hiver dans des enclos, vacheries ou bergeries, plus ou moins solidement construites, soit au milieu des steppes, soit dans le voisinage des lieux habités, dans le but de mettre les bêtes tant bien que mal à l'abri des chasse-neige et du verglas. Ces refuges sont ordinairement fort négligemment construits; le plus souvent ce n'est qu'une clôture de branchages entrelacés, recouverte d'un léger toit de chaume, suffisant à peine pour garantir le bétail du froid, et ne servant pour la plupart qu'à le tenir en place. Quelques éleveurs plus éclairés, surtout ceux qui élèvent des moutons à laine fine, construisent des logements chauffés, soit en bois, soit en briques, fournis de râteliers, de mangeoires et d'autres adaptations. Les vacheries et les parcs sont toujours établis dans le voisinage d'un puits ou de tout autre bassin d'eau, assez vaste pour subvenir aux besoins de l'abreuvage. Bien que la saison d'hiver soit de courte durée dans le midi, elle impose cependant à l'éleveur des soins considérables quant à l'alimentation des bestiaux. Dans ce but il amasse pendant l'été de grandes provisions de fourrages, consistant en foins des steppes et en paille, les premiers servant de préférence de nourriture aux chevaux, et la dernière fournissant celle du bétail à cornes. Les rations ne sont pas déterminées: c'est l'abondance ou la pénurie des fourrages qui en règle le nombre et la mesure. Comme les bonnes récoltes sont toujours incertaines dans les steppes, les éleveurs prévoyants se mettent en devoir d'amasser dans les bonnes années des provisions de foin pour plus d'un hiver; cependant, réduits quelquefois à l'extrémité, ils vivent au jour le jour jusqu'aux premiers rayons du printemps; alors, divisé en troupeaux et confié au bouvier et à ses chiens fidèles, le bétail réchappé aux rigueurs de l'hiver est mis au vert dans les steppes, abandonné à ses propres moyens pour trouver de quoi se nourrir. Dans les provinces centrales et celles du nord, c'est-à-dire dans toute la région en deçà des steppes, l'entretien du bétail est réglé sur les saisons d'été et d'hiver, dont la durée relève des différentes latitudes géographiques de telle ou telle localité. Dans le midi extrême, la saison d'été dure ordinairement de 6 à 8 mois (depuis avril jusqu'à novembre); dans le nord elle dure au plus quatre mois, de mai à septembre; le reste de l'année forme la saison d'hiver. Aux approches du printemps le bétail est mis au vert; ce sont ordinairement les pâturages communaux, les jachères, les taillis et quelquefois les prairies en défens qui lui servent de pacage. L'époque où les prairies sont mises en défens, c'est-à-dire que la jouissance en est interdite au bétail, dans le but de faire pousser les herbes, est déterminée dans chaque localité par l'usage, coïncidant cependant généralement soit avec la St-Nicolas (commencement de mai), soit avec la Pentecôte (fin de mai). C'est pendant cet espace de temps, qui dure jusqu'à la fin de la fenaison, que le bétail des provinces centrales a le plus à souffrir par manque de pâturages; il en est réduit aux jachères; mais comme c'est aussi le moment de procéder au labour, il arrive souvent que les animaux, surtout ceux appartenant aux paysans cultivateurs, sont obligés de se passer complètement de pâturage. Lorsque les foins sont rentrés, l'accès des prairies est de nouveau libre au bétail, de même que le chaume après la moisson; c'est là que les troupeaux paissent jusqu'à l'automme, restant tout le jour en plein air, et ne rentrant que pour la nuit dans les étables et les bergeries. Les bêtes de charge cependant sont laissées quelquefois en pâtis pendant toute la nuit. — Lorsque les gelées d'automne ont anéanti tous les herbages sur le chaume et les prés, les petits ménages de la région centrale et de celle du nord mènent paître leur bétail sur les semailles d'hiver, qui commencent alors à lever. Cet usage pernicieux, bien que reculant le plus possible le moment d'attaquer les fourrages secs, ne laisse pas que de nuire considérablement aux récoltes ; il est nécessité cependant par la pénurie des fourrages, qu'on est forcé de ménager autant que possible en vue de la longue durée de l'hiver. Quelquefois on est obligé dès l'automne, et même dès la fin de l'été, de donner aux vaches laitières et aux jeunes animaux des fourrages secs comme nourriture auxiliaire, à cause du mauvais état des herbages des prés. Les fourrages qu'on sert aux bêtes comme rations de nuit consistent ordinairement en paille, en bourre ou balle de blé et, dans de rares occasions, en foins secs.

Les premières neiges mettent le terme au pacage, et dès lors commence pour le bétail la stabulation hivernale. Sa nourriture alors se compose de paille de toute espèce, de foins des pâturages et des prairies artificielles, quelquefois de pommes de terre, et en partie de navets; le tout mélangé d'une quantité minime de céréales. Les résidus des distilleries, des amidonneries et d'autres fabriques servent aussi à l'alimentation des bestiaux.

Le bétail reçoit en hiver de 2 à 4 rations, selon la nature des fourrages; mais les villageois s'en tiennent ordinairement à l'ordre suivant: une ration le matin, une à midi et une le soir, les faisant consister — la première en foin sec, s'il est en abondance, le plus souvent cependant en menu foin mêlé de paille; la seconde de paille hachée ou de bourre de blé, et la troisième enfin, celle du soir, en paille de seigle ou de froment. Quant aux foins bruns ou fermentés, ainsi que quelques auxiliaires alimentaires, comme marc, son, et autres substances farineuses, de même que les breuvages mélangés de résidus laiteux, etc., l'emploi en est fort restreint et n'est pratiqué que dans les meilleures économies. La plupart des ménagers, les paysans surtout, font consister le principal moyen d'alimentation des bestiaux en hiver, — en paille, qui est le fourrage souverain en Russie, et ce n'est que dans quelques régions septentrionales de l'Empire, où la population est clairsemée, et où le foin, fourni en abondance par de vastes prairies, n'a aucun débit dans les villes, que le bétail s'en nourrit à discrétion. Entre deux rations on abreuve les animaux, ordinairement deux fois par jour en hiver, préférant pour cela les mener près d'un puits ou d'un étang quelconque, plutôt que de lui porter l'eau dans les étables et les bergeries. Quant au sel, le bétail n'en use que rarement, et encore n'est-ce que dans les meilleures économies, vu le prix élevé de cette denrée.

Les locaux affectés aux bêtes, ou les étables, sont tantôt des clôtures en osier, tantôt des constructions en planches ou en poutres, selon que la région est plus ou moins boisée, rarement en pierre. C'est ordinairement un parc ou un enclos carré, d'un côté duquel se trouve le bâtiment destiné à loger les bestiaux. Dans les petits ménages des paysans, le bâtiment est souvent remplacé par un hangar, un local plus ou moins couvert n'étant réservé que pour les chevaux et les jeunes animaux.

Il est bien rare de trouver dans les économies russes de bonnes étables chauffées, avec une cour pour l'amas de fumier. Le fumier s'accumule ordinairement sous les animaux pendant tout l'hiver, et compense en partie par sa fermentation le manque de chaleur dans les étables, dont les ais mal joints ne préservent guère les bêtes du froid. Dans les régions où le sol demande de l'amendement, les fumiers sont enlevés des étables au commencement de l'été; là où l'engrais n'est pas nécessaire, les étables restent des années entières sans aucun curage.

Dans les régions des steppes, où il y a un manque total de combustible, les déjections des animaux, et principalement des brebis, formant des masses compactes, sont employées comme chauffage, sous le nom de *kisiak*. Les jeunes animaux sont quelque peu mieux soignés que les bêtes adultes; un endroit chaud et couvert, ne fût-ce qu'un coin, est réservé pour le croît, et les animaux nouveau-nés partagent avec le paysan la jouissance de son pauvre intérieur. Dans les premières semaines de leur vie les veaux et les agneaux reçoivent outre le lait, comme nourriture supplémentaire, le meilleur foin des prairies, auquel on ajoute quelquefois du son, de la farine ou de l'avoine; mais dès qu'ils sont un peu grands, on les fait paître avec le reste du troupeau.

Dans les provinces Baltiques, dans la Finlande et dans quelques économies auxquelles le voisinage des capitales assure un bon débit du laitage et des autres produits animaux, l'élève du bétail jouit de conditions bien plus avantageuses à son développement, grâce aux systèmes d'entretien perfectionnés, dont l'application n'est entravée par aucun obstacle.

### Race chevaline.

Nous avons déjà dit que le nombre de chevaux en Russie est évalué à 21,570,000 têtes, ce qui donne pour 100 habitants 26,8 têtes. Sous le rapport numérique les différentes parties de l'Empire russe se rangent comme suit:

Les provinces de l'Asie centrale (*) comptent 179,3 chevaux pour 100 habitants.
La Sibérie . . . . . . . . . . . 70,1 » 100 »

(*) A l'exception des provinces du Syr-Daria et de Sémirétchié.

| | | | |
|---|---|---|---|
| La Russie d'Europe . . . . . . . . . . | 24,4 chevaux pour | 100 | habitants |
| La Finlande . . . . . . . . . . . | 14,6 » | 100 | » |
| Le Caucase . . . . . . . . . . . | 14,4 » | 100 | » |
| Le royaume de Pologne . . . . . . | 13,7 » | 100 | » |

Dans la Russie d'Europe ce sont les gouvernements de l'est et du sud-est qui accusent le chiffre le plus élevé; à côté d'eux se rangent les provinces centrales, où se trouve le plus grand nombre de haras, où le roulage constitue la profession dominante et où le labourage se fait exclusivement à l'aide de chevaux; les gouvernements, enfin, les plus pauvres en chevaux, sont ceux du sud et du sud-ouest, où l'on emploie les bœufs comme bêtes de labour et bêtes de transport.

Si l'on compare le chiffre actuel de chevaux avec les données statistiques fournies pour les années précédentes, il se trouvera qu'en thèse générale le nombre de chevaux en Russie est en décroissance graduelle; tandis que l'examen partiel démontre que le nombre en augmente dans quelques localités, tout en diminuant dans d'autres. L'accroissement a lieu pour les gouvernements de la Nouvelle-Russie, ceux de la Petite-Russie, ceux du sud-ouest et quelques gouvernements de la Grande-Russie. Le décroissement est sensible surtout dans les provinces riveraines du Volga et les centrales. Cet état de choses est expliqué par un accroissement considérable de la population, qui a entraîné la nécessité de convertir les pâturages en terres arables, et provoqué une hausse rapide du prix de la propriété foncière. Du temps que les propriétaires possédaient de grandes étendues de terres disponibles et dont le prix était plutôt bas, ils en faisaient des pacages pour d'énormes troupeaux de chevaux; mais à mesure que la valeur des terres montait, il était naturel qu'ils abordassent des branches d'industrie rurale plus lucratives, comme l'agriculture, ou l'élève des bêtes à cornes, surtout celle des brebis.

Il résulte donc que la décroissance numérique de chevaux est un fait tout naturel et la suite logique du développement de la population et de celui de l'organisation économique de la contrée. Un parallèle des données statistiques sur l'élève des chevaux en Russie avec celles des autres pays de l'Europe ne fait que confirmer ce fait.

| | | |
|---|---|---|
| On compte en Russie un cheval pour | $3^1/_2$ | habitants. |
| » » Autriche . . . . . | $10,_1$ | » |
| » » Prusse . . . . . | $11,_1$ | » |
| » » Grande-Bretagne . . | $11,_3$ | » |

On compte en France un cheval pour . 12,1 habitants.
» Italie . . . . . . . 27,0 »

Donc il y a en Russie, relativement à la population, trois fois plus de chevaux qu'en Autriche, en Prusse, en Grande-Bretagne et en France, et sept fois plus qu'en Italie.

L'industrie chevaline présente en Russie deux espèces de développement: l'élevage des chevaux et les haras. L'élevage comporte deux branches: l'éducation domestique des chevaux et l'élève des *tabouny* (grands troupeaux de chevaux paissant en liberté).

Les haras se proposent plusieurs buts, tous hors du cercle des travaux ruraux. Ils concentrent leurs efforts sur la production de chevaux de prix, qui peuvent seuls assurer de gros bénéfices aux éleveurs.

L'élevage des chevaux en troupeaux (tabouny), qui permet d'employer au travail étalons comme juments poulinières, indistinctement, est intimement lié à l'économie rurale et a pour but de satisfaire aux demandes de chevaux de travail et de transport.

La diversité des exigences auxquelles doit répondre le cheval, jointe à la diversité des conditions climatologiques, topographiques et économiques des différentes localités de la Russie, a eu pour résultat une grande variété de races chevalines. Il est clair que telle ou telle nature de pâturage, tel ou tel mode d'entretien du cheval, tel ou tel degré de bien-être des habitants et les différentes conditions de leur existence, tel ou tel genre de travail enfin imposé au cheval, finissent par élaborer tel ou tel type de cheval. Les races chevalines qu'on trouve aujourd'hui en Russie peuvent être réduites aux types suivants: 1) *cheval des montagnes* — au Caucase, comme cheval *de Karabag*, *de la Kabardie*, et autres; 2) *cheval des steppes* — dans les steppes du sud-est de la Russie, comme: *cheval du Don*, *cheval Kalmouk*, *cheval bachkire* et *cheval kirghise;* 3) *cheval des forêts* — au nord de la Russie, comprenant les chevaux de *la Samogitie*, *les cleppers*, les *chevaux de l'Obva*, *de Viatka*, *de Kazan* et *de Mézène;* et 4) *cheval de tchernozème: chevaux de Bitioug* et *trotteurs*. Au type montagnard correspond le cheval de course; à celui des steppes — le cheval de selle; le type forestier trouve son représentant dans le cheval de travail et de trait; et celui du tchernozème dans le cheval de somme et de roulage.

Les chevaux les plus renommés du Caucase sont ceux du *Karabag*, qui sont aux races asiatiques ce que sont les chevaux anglais à celles de l'Europe. Cette race superbe se distingue par son instinct extraordinaire, la finesse de ses sens et la parfaite sûreté de son allure; toutes ces qualités la rendent précieuse pour les trajets périlleux des montagnes et pour le transport des fardeaux. La race la plus répandue dans le Caucase est la *Kabardienne*, souche issue du croisement des différentes races montagnardes avec les chevaux arabes. Ces animaux sont forts, légers, prudents, aux jambes fortes, à la mémoire bonne, et supportent facilement le froid et la chaleur. — Le *cheval du Don* descend d'une ancienne race tatare, mêlée à l'ancienne race kalmouke, et améliorée par le sang arabe, persan et turc. Ce croisement de races a formé sur le Don une souche de chevaux devenue fixe et dont les qualités saillantes sont l'infatigabilité, la rapidité à la course, la sûreté de l'œil, et la sobriété. Un bon cheval du Don a la tête petite, mince, et les yeux vifs et pleins de feu, l'encolure un peu ramassée, les flancs amples, la croupe large et arrondie, les muscles bien développés et les jambes bien faites. Leur robe est généralement claire. L'élevage de ces chevaux se fait toujours en troupeaux (tabouny), qui paissent toute l'année librement dans les steppes, et ce n'est que lorsque la neige recouvre le sol d'une couche trop épaisse, qu'ils sont rentrés dans des *bases* (simples enclos sans toiture), sans autre nourriture que le foin sec. Les *chevaux kalmouks* sont petits de taille, osseux, ont la tête grosse, l'avant-main légère et le train de derrière massif. Ils sont généralement assez laids, et se distinguent par leur ardeur à la course et leur apathie au repos. Bons coursiers, ils sont assez faibles au travail, rétifs et ombrageux, et ne prennent que difficilement l'habitude du harnais. Comme chevaux de selle, cependant, il est difficile d'en trouver de plus *commodes* et de plus patients. Leurs traits principaux se retrouvent chez les *chevaux kirghizes et bachkirs*, qui ont la même petite taille, la même grosse tête, aussi laids, mais vigoureux, musculeux et agiles. Mis au pâtis dans les steppes pour toute l'année, ils supportent facilement la faim et les privations. On en a vu qui faisaient des trajets de 100 verstes d'un trait, sans boire ni manger, mais aussi sans périr. Les chevaux bachkires et kirghizes ont de tout temps présenté une pépinière pour la région d'Orenbourg, où ces races, se mêlant graduellement à la race des chevaux russes, ont fini par en former un type indigène.

*Le cheval samogite*, de petite taille, se distingue par sa tête, petite et plate; ses yeux à fleur de tête et au regard enjoué, ses petites oreilles presque toujours en mouvement donnent à sa physionomie une certaine expression de douceur; il a l'encolure haute et un peu grosse, le poitrail large et les muscles bien développés; ses jambes sont plutôt grosses, mais sèches, au pâturon court et au sabot rond et poli. Ces chevaux sont remarquables par leurs qualités morales; ils sont doux, et on n'en trouve presque jamais de rétifs; patients à l'extrême, ils tirent des charges considérables (jusqu'à 220 pouds);

ils sont bons coursiers, et très agréables comme chevaux de selle. Ce sont les gouvernements de Kovno, de Vilna et de Grodno qui présentent le centre de propagation de cette race utile.

Un type assez voisin de ces chevaux est celui des *cleppers*, répandu sur l'île d'Œsel et dans les provinces Baltiques. Comme les chevaux de la Samogitie, ils sont durs à la fatigue, patients, robustes et forts, pas grands de taille, aux jambes grêles, ayant la tête, les oreilles et le sabot petits. Les *doppel-cleppers* sont un peu plus grands, et proviennent du mêlange du cheval indigène avec l'ancien cheval des chevaliers espagnols; ils ont donné la bonne souche des *chevaux de l'Obva*, fort nombreuse dans les districts de Perm, d'Okhansk et de Solikamsk. Leur taille n'est pas grande, mais ils sont très avenants et bien faits, à la robe généralement baie, relevée par une raie de brun foncé, courant le long du dos. Ils ont la charpente symétrique, les os gros, la musculature riche, la tête petite, au front large, et aux oreilles petites et largement espacées; de grands yeux ronds, à fleur de tête, un large poitrail, les côtes saillantes, l'encolure plutôt courte et charnue, et bien cambrée, le dos plat, le pâturon bas, le sabot plat, la queue et la crinière bien fournies.

Les chevaux de l'Obva sont dociles, doux, d'un naturel enjoué, légers à la course, infatigables, sans se distinguer cependant par la force. Dans quelques localités on les appelle *chevaux de Viatka*. Entre cette race et les *chevaux de Kazan*, race tchouvache, la ressemblance est très-grande. Ces derniers, dont la taille est plutôt petite, et la robe dominante le rouan à mantelure le long du dos, ont les jambes courtes, le poitrail et la croupe bien développés, et une large ossature. Les Tchouvaches et les Tchérémisses font de cette race un cas particulier, car elle est parfaitement adaptée à leur région boisée et ravineuse, se contente d'une nourriture modique, et est d'un naturel très-doux, qualité qui est d'une grande valeur, puisque tous les soins donnés aux chevaux incombent chez ces peuplades aux femmes.

*Les chevaux de Mézène* sont indigènes dans le gouvernement d'Arkhangel; petits de taille, ils sont forts, bons coursiers, durs à la fatigue et avenants. La même renommée est acquise aux *chevaux de Pinéga* et *de Suède*, dont les qualités physiques et morales offrent une grande ressemblance avec ceux de Mézène.

Dans les provinces centrales, de la zone du thernozème (terreau noir), est répandue une race de chevaux remarquable, celle *de Bitioug*. Ils sont généralement de taille moyenne et très fortement bâtis; leurs traits caractéristiques sont: une tête grosse, mais pas charnue, de petits yeux pleins de feu, l'encolure ramassée, le poitrail et la croupe larges ainsi que les reins, les os des jambes gros et serrés, le pâturon bas, le sabot plat, les jambes velues, les crins du garrot et du fouet épais. Ces chevaux se distinguent par la force et la patience; ils sont énergiques, également bons à un travail lent et dur, et d'une course rapide (fournissant une course de 50 à 80 verstes sans se reposer, et tirant facilement une charge de 50 pouds); ils sont intelligents et doux, et capables de supporter pendant longtemps le manque d'une bonne nourriture et d'un bon logis.

Outre les chevaux de Bitioug, il y a encore dans la Russie centrale de bons et solides chevaux qui n'appartiennent à aucun type déterminé. Ainsi, par exemple, on trouve de bons chevaux de roulage et de trait partout où les habitants exercent la profession de rouliers.

Pour en finir avec cette énumération, il faut encore faire mention du *cheval de paysan*, cheval *commun* ou *indigène*, qu'on rencontre dans chaque petit ménage de paysans de la région agricole de la Russie. Sans former une race distincte, ce cheval présente un assemblage de qualités générales fort précieuses. Il serait difficile, en effet, de trouver un type mieux adapté aux conditions de la vie russe. Le paysan russe a besoin d'un aide, patient et peu difficile comme lui, comme lui aussi dur au travail, à la fatigue, et à toutes sortes de privations. C'est à ces conditions que répond parfaitement le petit cheval rustique, petit mais solidement bâti. Traité par son maître sans aucune cérémonie, il passe tout l'hiver en plein air, privé de tout soin et surveillance, et sans autre aliment que de la paille; il ne mange de l'avoine qu'à la veille d'une longue course, et on le mène à l'abreuvoir avec tout le reste du bétail domestique.

Au début du printemps il traîne avec zèle la charrue et la herse; en été il charrie les gerbes et les foins, et, loin d'exiger de l'avoine, se contente de l'herbe qu'il trouve sous ses pas; en automne et en hiver il charrie le blé ou le bois que son maître va vendre en ville, et ce n'est que lorsque la saison est avancée qu'on lui donne du foin et une petite quantité d'avoine.

Ce cheval est l'ami et le compagnon fidèle de son maître, dont il partage tout le labeur; insensible au froid, à l'humidité, aux intempéries, il traîne sa charge sans broncher, d'ornière en ornière, par des chemins impraticables, plongeant jusqu'au ventre dans la boue ou dans la neige, à l'épreuve de la pluie et de la gelée; ne souffrant jamais de javart ni de bleimes, indifférent aux incommodités du harnachement, qui lui serre le garrot et les épaules. Mais ses capacités ne se bornent pas à cela; il peut aussi bien faire au galop ou au trot de 10 à 12 verstes par heure, fournissant sans se reposer des courses de 40 à 50 verstes. En somme, il est de fait, que si le développement ultérieur du bien-être des paysans les met en mesure d'accorder plus de soins à leurs chevaux, ces derniers seront parfaitement capables de satisfaire à tous leurs besoins, de sorte qu'il serait superflu de désirer sous ce rapport mieux pour notre population agricole.

Pour ce qui est des haras particuliers on en compte jusqu'à 2,444, possédant en tout 6,496 étalons et 68,535 juments poulinières. C'est dans les gouvernements de Tambow, de Voronége, de Poltava, et ceux de la Nouvelle-Russie, ainsi que dans la Podolie et la province du Don, qu'on trouve le plus grand nombre de haras particuliers. Généralement parlant, les haras, entretenus par les propriétaires fonciers, sont en décroissance depuis l'affranchissement des serfs, mais ce fait trouve sa compensation dans l'état de plus en plus florissant de l'élevage auquel s'adonnent les paysans: le morcellement de plusieurs haras vastes, seigneuriaux, les ayant fait tomber par petites parties en possession de ces derniers. Notons cependant que les haras ont aujourd'hui consacré toute leur activité à la production de chevaux de prix, puisque cette branche de l'industrie chevaline peut seule garantir de bons bénéfices à l'éleveur.

L'élevage des chevaux en *tabouny* ou en *cossiaks* (c'est-à-dire en groupes de poulinières attachées à un seul étalon, et paissant librement dans les steppes), ne s'est conservé de nos jours que dans la province du Don, parmi les Cosaques d'Orenbourg, du Kouban, du Terek et autres, ainsi que chez les populations nomades des steppes de l'Asie centrale. Le nombre de ces chevaux est évalué à plus de 68,000 étalons et 620,000 juments poulinières, dont la plus grande moitié appartient aux Kirghizes (42,000 étalons et 331,000 poulinières).

Le gouvernement russe fait preuve d'une sollicitude constante pour l'amélioration des races chevalines dans l'Empire: c'est dans ce but qu'il s'applique principalement à répandre et à soutenir la race des *trotteurs* et des *coursiers* pur-sang; qu'il encourage les haras particuliers en instituant des prix et des médailles décernés soit aux courses, soit aux expositions; qu'il établit des écuries rurales ou des stations d'accouplement, etc.

Les établissements relevant de la Direction des Haras de l'Etat sont: *les haras*, dont 9 dans la Russie d'Europe et 3 au Caucase; *les dépôts d'étalons et les écuries rurales* (plus de 14).

Le haras de l'Etat qui a le plus de renommée est celui de *Khrénovoy* (gouvernement de Voronége); il élève trois sortes de chevaux: anglais pur-sang, chevaux de selle et trotteurs. Le haras *de Derkoul* (gouvernement de Kharkow) s'adonne à la production de chevaux de harnais, carrossiers et chevaux de trait de races: anglaise (de Suffolk), percheronne et ardennaise.

Le haras *de Novoalexandrovsk* (gouvernement de Kharkow) élève principalement des chevaux de selle demi-sang anglais; le *haras de Strélets* —

des chevaux de selle de races orientales; celui *de Limarew* fournit des chevaux arabes pur sang; celui *d'Orenbourg* enfin est la pépinière des reproducteurs de chevaux de remonte pour la cavalerie légère, et pour l'artillerie, ainsi que pour l'usage ordinaire, etc.

Le commerce de chevaux se concentre en Russie sur quelques points fixes, tels que, par exemple, les foires à chevaux, dont le chiffre annuel monte jusqu'à 380; environ 15 de ce nombre attirent sur le marché de 2 à 10 mille chevaux, ce qui, faisant une moyenne de 6,000 têtes pour chacune, donne un total de 90,000 pour les 15 foires prises ensemble. En supposant que la moyenne numérique des chevaux présentés à la vente dans les autres endroits ne surpasse pas 300 têtes, ce qui donne un total de 109,500 têtes, et considérant qu'il existe un débit constant de chevaux sur les marchés des capitales et dans les autres centres de l'industrie chevaline, comme par exemple à Voronége, Bendéry, etc., débit montant à 64,000 têtes environ, l'administration des Haras de l'Etat évalue le nombre total des chevaux présentés chaque année à la vente à 263,000 têtes. En admettant que 160,000 têtes de ce nombre sont vendues, au prix moyen de 160 roubles, il se trouvera que le virement annuel de l'industrie chevaline représente un capital de plus de 9½ millions de roubles. Quant aux prix des chevaux en Russie, ils sont dans ces dernières années en hausse de 50 à 100 %. Le maximum de cette hausse a lieu dans la partie ouest de l'Empire, le minimum dans celle de l'est.

Le relevé suivant donne les chiffres relatifs à l'exportation des chevaux à l'étranger dans le cours des trois dernières années:

| | | | | | | | | | | | |
|---|---|---|---|---|---|---|---|---|---|---|---|
| De | l'année | 1861 | à | 1865 | jusqu'à | 51 | mille chevaux, | moyenne | par an | 10 | mille. |
| » | » | 1866 | » | 1870 | » | 65 | » | » | » | 13 | » |
| » | » | 1871 | » | 1875 | » | 125 | » | » | » | 25 | » |

Si nous adoptons par chaque cheval exporté le prix moyen de 80 r. le commerce extérieur représentera une somme de 1,200,000 roubles.

## Race bovine.

Le nombre de bêtes à cornes en Russie est évalué à près de 30 millions de têtes, ce qui donne pour 100 habitants 36 pièces. Le rapport numérique classe les parties intégrantes de l'Empire comme suit:

| | | | | | |
|---|---|---|---|---|---|
| La Sibérie | possède | $73,_{0}$ | têtes | par 100 | habitants. |
| La Finlande | » | $54,_{8}$ | » | 100 | » |

| | | | | |
|---|---|---|---|---|
| Le Caucase possède | 47,4 | têtes par | 100 | habitants. |
| La Pologne » | 35,2 | » | 100 | » |
| La Russie d'Europe | 33,9 | » | 100 | » |

Il s'ensuit qu'on compte en Russie 1 tête de bétail par 3 habitants, tandis que pour les autres Etats la proportion est:

| | | | | |
|---|---|---|---|---|
| en Angleterre | 1 | tête par | 2 | habitants. |
| » Autriche | 1 | » | 2,5 | » |
| » France | 1 | » | 2,7 | » |
| » Prusse | 1 | » | 3,3 | » |
| » Italie | 1 | » | 3,5 | » |

La quantité de gros bétail est fort inégalement répartie par gouvernement.

Les provinces qui en présentent le chiffre le plus élevé par rapport à la population, sont d'abord les provinces méridionales, surtout celles du sud-est; viennent ensuite les provinces Baltiques, les gouvernements du nord-ouest, ceux du nord et de l'est, et en dernier lieu les provinces centrales.

Quant au rapport numérique que présente le chiffre du bétail à l'étendue du sol cultivé dans les gouvernements où l'élève du bétail a pour but principal la production du fumier, il est le plus élevé pour les provinces Baltiques et les gouvernements du nord (ceux d'Arkhangel, de Vologda, d'Olonetz, de Novgorod, de Iaroslaw, de St-Pétersbourg, de Kostroma, de Perm et de Tver), le minimum échéant aux provinces centrales.

Il faut noter, cependant, que dans cette énumération nous avons mis hors de compte les gouvernements du sud-ouest et du sud, où le bétail est élevé spécialement pour l'engrais et la boucherie, et où il est employé pour les travaux des champs, ainsi que pour le transport de grosses charges.

La pénurie du bétail dans le centre de la Russie s'explique par un mauvais système d'agriculture: comme l'assolement triennal y est dominant, et que les prairies artificielles n'y existent point, les pâturages n'offrent que de trop modiques ressources pour défrayer l'alimentation d'un bétail nombreux. Outre cela, cette partie de la Russie étant celle où l'industrie a le plus de développement, ce qui entraîne un service de roulage considérable, exige une grande quantité de chevaux, qui sont aussi employés aux travaux des champs.

Suivant les différents buts que se propose l'élève du bétail, la Russie peut être divisée en trois régions: celles du nord, du sud et du sud-est. La première embrasse tous les gouvernements de la Grande-Russie, de la Russie Blanche, la Pologne, la Lithuanie et les provinces Baltiques, ainsi que la Finlande et quelques parties de la Sibérie où la population est le plus dense. Ici l'élevage du bétail a pour but la production laitière et le fumier comme moyen d'engrais. — La zone méridionale comprend tous les gouvernements de la Petite-Russie, de la Nouvelle-Russie, ceux du sud-ouest, et les parties méridionales de quelques provinces de la Grande-Russie et de la Russie-Blanche, ainsi que le littoral sud de la mer Noire et de celle d'Azow. Le bétail qu'on élève ici est principalement destiné aux travaux de labour et de charge; une certaine partie cependant en est livrée à la boucherie. Les vaches des races de la Russie méridionale ne se distinguent pas en général par une lactation abondante, et les habitants ne les traitent que comme force reproductive, employant leur lait à l'engraissage des veaux.

La région du sud-est enfin, dont le territoire s'étend sur les provinces situées au delà du Volga, les confins sud est de la Russie, l'Asie centrale et la partie méridionale de la province du Don au delà de ce fleuve, produit le bétail de prairies, fournissant le suif et la viande, ce dernier rendement cependant le cédant en quantité à la viande fournie par le bétail du sud. La production laitière est tout à fait insignifiante.

*Races de bétail.* Les races indigènes des bêtes à cornes sont en Russie: la race *kalmouke*, *ukraïne*, *lithuanienne*, *russe* proprement dite, celle de *Iaroslaw*, et de *Kholmogory*.

La *race kalmouke* est de taille moyenne, d'une vigoureuse et belle structure, à la robe alezane. Elle est le plus répandue dans les camps des Kalmouks et d'autres peuplades nomades de l'Asie centrale, et s'est propagée d'ici jusque dans le gouvernement d'Astrakhan, dans les parties méridionales des gouvernements de Samara, et de Saratow, et dans la région des Cosaques du Don. Cette race se distingue par son endurance à supporter toutes les variabilités du climat des steppes, et toutes les incommodités d'un élevage en steppes. Les hivers les plus rigoureux passés en plein air, ne la font pas plus souffrir que l'insolation continue qu'elle a à subir en été. Les bœufs de la race kalmouke sont aptes à toute sorte de travail, et très peu exigeants pour leur nourriture et leur breuvage, ce qui fait qu'on les emploie beaucoup pour le roulage (profession à laquelle s'adressent surtout les *tchoumaks*, paysans de la Petite-Russie). Les vaches kalmoukes sont chétives et peu laitières, grâce à une alimentation insuffisante. Le bétail de cette race est principalement acheté par des négociants accapareurs, pour être expédié dans les grandes villes et livré à l'abattoir.

La race *ukraïne*, nommée aussi race *circassienne*, *petite-russienne*, *hon-*

*groise, podolienne*, etc., domine dans la région du sud et du sud-est de notre empire, et offre par ses formes extérieures, comme par ses qualités morales, le type le plus complet de toutes les races de bêtes à cornes du monde. Les animaux de cette race sont grands, ils ont le corps massif, plutôt anguleux qu'arrondi, une ossature épaisse, la tête longue, un peu resserrée vers le bas, le museau arqué, le regard sauvage, les cornes très-grosses, recourbées en demi-lune; le poitrail profond, bien développé, le dos large et égal, le corps long, les jambes hautes et droites; la peau épaisse, grossière, couverte de poil rude et lustré; la robe est grise.

Les principales qualités de cette race sont: une aptitude parfaite au travail comme à l'engrais, et une endurance à toute épreuve; elle donne peu de lait, mais d'une grande épaisseur; outre cela elle fournit une viande excellente et du cuir de qualité supérieure. Grâce à toutes ces qualités, le bétail de l'Ukraïne se transporte annuellement en trains énormes non seulement dans les capitales, mais aussi à l'étranger.

Au nord des races susmentionnées, au delà des limites de l'Ukraïne sud-ouest et de la Petite-Russie, on trouve la race lithuanienne à l'ouest, la race russe proprement dite au centre de la Russie et à l'est.

Le bétail lithuanien est de taille moyenne, fortement constitué; sa tête n'est pas grande; son regard enjoué exprime la soumission; ses cornes aux pointes relevées et dirigées en avant ne sont pas grandes; il a l'encolure grosse, le fanon plutôt petit, le corps arrondi, la croupe large, les jambes droites. Les vaches ont la mamelle grosse, molle, pas charnue, couverte de poils fins. Le bétail lithuanien est bon au travail comme à l'engrais; la production laitière est peu abondante, mais de bonne qualité. Cette race est répandue dans les gouvernements de Minsk, de Grodno, de Kovno, et principalement dans celui de Vilna. En proche parenté avec cette race se trouvent: la race de *la Russie-Blanche* (gouvernements de Mohilew, de Smolensk, de Vitebsk, de Minsk), indigène dans les ménages des paysans de cette région, et la *race esthonienne*, qu'on élève dans les provinces Baltiques.

La race bovine le plus largement propagée en Russie est la race commune *russe* (ou race indigène proprement dite). Elle est petite, d'une charpente grossière, de formes anguleuses; elle a les cornes petites, recourbées en couronne, le cou grêle, sec, la poitrine étroite, de même que le dos et la croupe.

Tous ces défauts cependant ne sont que le résultat d'un entretien défectueux, du manque de soins, et d'une nourriture modique; en été, les herbes fraîches des pâturages lui donnent meilleur air qu'en hiver, lorsqu'il n'a que de la paille pour tout fourrage. Un choix régulier de reproducteurs, une éducation judicieuse donnée au croît, des soins constants et une alimentation substantielle, ont donné, en deux ou trois générations, un bétail russe de taille moyenne, aux formes arrondies; des taureaux durs au travail et patients; des vaches dont les qualités lactifères sont très-développées même dans les conditions les moins satisfaisantes; son lait est épais, et la quantité suffisante. Un croisement de la race russe indigène avec la race hollandaise a donné une très bonne souche, celle *de Kholmogory*, très ressemblante par ses formes comme par ses qualités à la race hollandaise. Il est vrai que dans le cours de longues années cette race a un peu dégénéré en ce sens qu'elle est devenue plus menue, mais elle a toujours gardé sa lactation abondante, et de plus elle s'est parfaitement acclimatée en Russie, en devenant en même temps moins délicate. Le bétail de Kholmogory est caractérisé par une taille moyenne, une tête étroite, allongée, garnie de cornes plutôt courtes, inclinées en avant; une encolure peu forte, un fanon pas très gros; le corps est long, plus développé du dessous; la croupe basse, courte, le fouet très-bas; les reins resserrés, les jambes assez hautes.

L'apparence générale de ces bêtes est grêle, et plutôt anguleuse qu'arrondie. Elles ont la peau et le poil assez doux au toucher, et la robe généralement bariolée pie. Cette race donne d'excellentes vaches laitières, est très propre à l'engrais, et contribue considérablement à l'amélioration du bétail local, à preuve qu'il en existe beaucoup de rejetons, comme par exemple la sous-race de *Pinéga*, de *Mezène*, de *Kargopol*, de *Souma* et autres, portant le nom des localités qui s'adonnent à leur éducation, et se distinguant toutes par l'abondance de leur lait et une grande aptitude pour l'engrais. La *race de Iaroslaw* se rapproche assez par ses formes de la race de Kholmogory, et fournit principalement le contingent du bétail des petits ménages de paysans du gouvernement de Iaroslaw. Les vaches, pas grandes, donnent une lactation copieuse, tout en étant sobres et peu difficiles. Leur lait donne plus de crême que celui de la race de Kholmogory; quant à la quantité de la traite, elle ne le lui cède que fort peu en abondance. La race de Iaroslaw, peu exigeante et capable de supporter les intempéries climatériques de la zone septentrionale et centrale de la Russie, où le terreau noir fait défaut, possède toutes les conditions requises par l'économie russe, et rivalise sous ce rapport, non sans succès, avec plusieurs races étrangères, en surpassant même quelques-unes.

Parmi les races importées en Russie de l'étranger, les plus connues sont: celle *de Voigtland*, en Courlande et Russie-Blanche; celle *de Friesland* ou *d'Oldenbourg*, chez les Mennonites de la Molotchnaïa, en Tauride; le bétail *tyrolien*, qu'on ne rencontre qu'en petite quantité dans les économies de la région centrale de la Russie; le bétail de *Devonshire* dans le gouvernement de Poltava; celui *d'Ayrshire*, dans les provinces Baltiques et quelques localités de la zone tempérée de la Russie; celui de *Halloway* et d'*Aalgau* dans les environs de Moscou. Les races étrangères de bêtes à cornes ne se sont conservées dans leur pureté qu'en quantité minime; la plus grande partie, s'étant mélangée avec les races indigènes russes, a donné naissance à cette variété de gros bétail qu'on remarque en Russie dans les villes surtout.

Le gouvernement russe s'est de tout temps préoccupé des moyens d'améliorer et de développer l'élevage du bétail dans notre empire; organisant dans ce but des expositions et des concours, décernant des primes et des médailles pour les meilleurs reproducteurs et les meilleures vaches laitières; achetant et important de l'étranger des pièces choisies de bétail des races améliorées, pour être distribuées aux meilleurs éleveurs soit gratuitement, soit pour être vendues avec atermoiement. De pareils achats se pratiquent dans ces derniers temps presque tous les ans, et grâce à cette sollicitude éclairée de notre gouvernement, plusieurs économies, surtout celles de la région centrale et septentrionale de la Russie, font l'élevage des races de *Short-horns*, de *Simmenthal*, de *Breitenbourg*, d'*Ostfriesland*, d'*Aalgau*, de *la Hollande*, etc., etc.

Quant à la quantité de viande fournie par le gros bétail de différentes races, on peut conclure par les données suivantes du poids moyen des pièces livrées à la boucherie:

| | | | | | | | | |
|---|---|---|---|---|---|---|---|---|
| Le poids brut du bétail | circassien ou petit-russien | est | de | 16 | à | 20 | pouds |
| » » » | de Kholmogory | | » | 14 | à | 17 | » |
| » » » | Kalmouke | | » | 13 | à | 15 | » |
| » » » | Lithuanien | | » | 10 | à | 12 | » |
| » » » | Russe | | » | 6 | à | 7 | » |

Les principaux points de l'élevage russe se trouvent au sud de l'Empire, savoir: dans le domaine des Cosaques du Don, dans la Nouvelle-Russie, la Petite-Russie, et les gouvernements de Voronége, de Stavropol, d'Astrakhan et de Saratow. A une autre région de l'industrie bovine appartiennent la Sibérie occidentale et les gouvernements de Samara et d'Orenbourg. Ce dernier gouvernement, outre l'élève du bétail indigène, fait encore sur une grande échelle un commerce d'échange avec les Kirghizes des steppes, ses voisins limitrophes, et acquiert une quantité considérable de bêtes à cornes et de moutons.

C'est dans ces points que nos négociants font leurs principaux achats de bétail, qu'ils font transporter ensuite dans les provinces centrales et dans les capitales. Le bétail acheté dans les steppes et les gouvernements du sud et de l'est, vient se rassembler petit à petit dans certains points de réunion, dont les plus connus sont: Piriatine, Izioum, Constantinograd, Rostow sur Don, Kazanskaïa Stanitza, les environs de Voronége, de Saratow, et une étendue de terre entre Bougoulma et Bouzoulouk dans le gouvernement de Samara. De ces points, les trains de bœufs sont dirigés sur Moscou, St-Pétersboug et les provinces centrales, pour servir aux besoins de la consommation locale, ou fournir le suif, ou bien encore pour être engraissés au marc des différentes distilleries.

Le gros bétail est divisé en trois sortes: la haute, la moyenne et la basse. Le prix moyen d'achat sur place est pour la première sorte jusqu'à 30 roubles par tête, pour la seconde 25 r., pour la dernière 20 r. Le meilleur bétail, ou bétail de choix, est dirigé presqu'en entier sur St-Pétersbourg, dont la consommation annuelle, en moyenne décennale, est évaluée à 112,000 pièces. Le bétail de la seconde qualité est envoyé à Moscou; le chiffre approximatif en est de 140,000 pièces. La plus grande partie de ce nombre cependant est fourni par le bétail du Volga, et celui des paysans, ce qui fait que le bétail circassien y entre moins que pour la moitié; et encore une partie de ce nombre (20,000 têtes à peu près) est-elle expédiée pour Pétersbourg, grâce à la facilité du transport et en vue d'un prix de vente plus élevé. Le reste du bétail, évalué à 950,000 pièces, sert à la consommation de l'intérieur de la Russie, et aussi à la fonte du suif. Le total du gros bétail destiné par les accapareurs à ce dernier usage, monte presqu'à 600,000 pièces, et celui du bétail menu—jusqu'à 2½ millions de têtes. Le prix moyen du menu bétail est de 3 roubles à peu près par pièce. Par conséquent, la valeur du gros bétail est à peu près de 26,000,000 r., celle du menu bétail — à peu près de 9,000,000 — total = 35,000,000 roubles. L'exportation du gros bétail à l'étranger donne les chiffres suivants par moyenne quinquennale:

| | | | | |
|---|---|---|---|---|
| De 1861 à 1865 | jusqu'à | 165,000 pièces, | en moyenne | 35,000 p. par an |
| » 1866 » 1870 | » | 412,000 » | » | 82,000 » » |
| » 1871 » 1875 (1er octobre) | | 355,000 » | » | 71,000 » » |

L'exportation de la viande était de:

| | | |
|---|---|---|
| De 1861 à 1865 | jusqu'à | 224,000 pouds. |
| » 1866 » 1870 | » | 263,000 » |
| » 1871 » 1875 | » | 275,000 » |

En évaluant la valeur de chaque pièce de gros bétail exporté, à 40 r.

et un poud de viande à 3 roubles, le virement annuel du commerce de bétail et de viande donnera un chiffre de plus de 3,000,000 roubles. Il ne faut pas oublier qu'un nombre considérable de veaux exportés fait partie de la catégorie du menu bétail, dont l'exportation, ainsi que celle du suif, sera traitée plus loin.

## Race ovine.

L'élevage des brebis constitue en Russie une des branches les plus importantes de l'économie rurale. Le total numérique des brebis dans notre Empire s'élève à 65,387,000, chiffre dont le rapport à la population donne 81 brebis par 100 habitants. D'après les différents degrés de richesse en race ovine, les parties intégrantes de la Russie se classent comme suit:

| | | | | | | | |
|---|---|---|---|---|---|---|---|
| Les provinces | de l'Asie centrale | possèdent | par | 100 | habitants | 565 | brebis. |
| » » | du Caucase | » | » | 100 | » | 124 | » |
| » » | de la Sibérie | » | » | 100 | » | 90 | » |
| » » | de la Russie d'Europe | » | » | 100 | » | 70 | » |
| » » | de la Pologne | » | » | 100 | » | 65 | » |
| » » | de la Finlande | » | » | 100 | » | 49 | » |

Comparée sous ce rapport aux autres grands Etats de l'Europe, la Russie occupe la quatrième place; ainsi:

| | | | | | | |
|---|---|---|---|---|---|---|
| La Grande-Bretagne | possède | par | 100 | habitants | 133 | brebis. |
| La France | » | » | 100 | » | 97 | » |
| La Prusse | » | » | 100 | » | 93 | » |
| La Russie | » | » | 100 | » | 81 | » |
| L'Autriche | » | » | 100 | » | 47 | » |
| L'Italie | » | » | 100 | » | 38 | » |

Mais si l'on compare différentes localités isolées, il se trouvera que non-seulement l'Asie centrale, mais quelques gouvernements de la Russie, font l'élève des brebis sur une échelle bien plus considérable que l'Angleterre même. Effectivement, le chiffre des brebis dans la Tauride s'élève à 427 pièces par 100 habitants; dans le gouvernement d'Astrakhan à 217, dans celui d'Ekatérinoslaw à 283; au pays des Cosaques du Don à 236, à Kherson à 213, en Bessarabie à 126; ensuite les chiffres les plus élevés sont fournis par les gouvernements du sud-est, décroissant graduellement dans la direction de l'ouest et du nord.

L'élève de la race ovine comporte deux branches: l'éducation des brebis à laine fine, et celle des brebis communes. Le chiffre total, indiqué plus haut, se compose de 12,555,000 têtes de mérinos, et de 52,832,000 têtes de brebis communes; donc les premiers offrent une proportion de 19,2 % du total. Le principal domaine de l'élevage des mérinos comprend les gouvernements de la Nouvelle-Russie: d'Ekatérinoslaw, de Kherson, la Bessarabie et la Tauride, région dans laquelle on compte jusqu'à 6,572,000 brebis à laine fine, c'est-à-dire plus de la moitié du chiffre total pour tout l'Empire. Le rang suivant appartient à la région riveraine de la Vistule, qui possède 2,414,000 mérinos; ensuite viennent les gouvernements de Saratow, de Voronége, de Tambow, et la province du Don, avec 1,234,000 pièces; ceux de Poltava et de Kharkow, avec 1,009,000 pièces, la Podolie et la Volhynie avec 434,000 pièces de mérinos. Outre cela on en trouve dans l'Esthonie et les gouvernements de Grodno, de Penza, de Samara, de Koursk et de Minsk; le reste des gouvernements, ainsi que le Caucase, la Sibérie et l'Asie centrale, n'en possèdent qu'une quantité fort insignifiante; d'autres, et la Finlande, en manquent complètement. — Généralement considéré, le nombre des brebis à laine fine tend à la décroissance, par suite de la *crise lainière*, c'est-à-dire d'une baisse des prix de la laine fine, tandis que de l'autre côté la hausse des blés provoque la conversion des pâturages en terres arables sur une grande étendue.

On élève en Russie deux races principales de mérinos: la race *électorale* et la race *Negretti*. La première a une laine fine, égale et douce au toucher, mais en fournit peu: une brebis n'en donne que deux livres, un mouton trois livres; la seconde a une laine plus rude et pas assez égale, surtout dans les plis de la peau, qui distinguent cette race; mais en donne en revanche — une brebis trois livres, un mouton sept et au delà. Pour rapprocher ces extrêmes, on a fait de nombreux essais de croisement entre ces deux races; l'un des types moyens les plus réussis de ce métissage est la brebis *de Rambouillet*, actuellement l'objet des meilleurs soins des éleveurs. Sa laine répond le mieux aux exigences de la production lainière du moment, puisque l'industrie drapière tend à décroître, tandis que celle des tissus ras prend de jour en jour plus de développement.

La Nouvelle-Russie présente différents degrés de prospérité de l'élevage des brebis; ainsi, dans le gouvernement de Kherson et en Bessarabie cette industrie doit son état d'infériorité à un croisement trop fréquent des races à laine fine avec la race commune, tandis que la Tauride fait une éducation de mérinos des plus prospères, la concentrant dans ses parties septentrionales, surtout dans les districts de Dniepr et de Mélitopol, résidence des plus gros propriétaires-éleveurs.

Dans le gouvernement d'Ekatérinoslaw, l'élève des mérinos est parvenue à un haut degré de prospérité; cette province expédie (outre cela) un nombre considérable de moutons dans toutes les parties de la Russie.

Quant à l'entretien et aux soins donnés à ces animaux, il faut noter que les brebis des contrées méridionales restent presque toute l'année au vert; sur le littoral de la Nouvelle-Russie on n'enferme les bêtes dans les bergeries que pour l'hiver, qui ne dure guère plus d'un mois et demi. A mesure qu'on approche du nord, la saison du pacage devient de plus en plus courte; les éleveurs de la Petite-Russie et ceux des districts septentrionaux des gouvernements d'Ekatérinoslaw et de Kherson, soumettent les mérinos en hiver à une stabulation presque permanente, ne les faisant sortir des bergeries que pour les mener à l'abreuvoir: d'ailleurs on les fait rentrer pour la nuit même en été. Dans les parties méridionales des gouvernements de Voronége et de Saratow, les mérinos sont laissés au pacage pendant sept mois, terme qui est réduit à cinq mois dans les districts nord de ces provinces. Dans le but d'augmenter les moyens d'alimentation, plusieurs propriétaires se sont particulièrement adonnés à l'amélioration des pâturages et aux prairies artificielles; de sorte que, à l'heure qu'il est, la culture herbagère a pris de grandes dimensions dans tous les gouvernements de la Petite et de la Nouvelle-Russie. — La tonte des mérinos a lieu au commencement de mai dans la Nouvelle et la Petite-Russie, dans la province du Don et dans les districts méridionaux du gouvernement de Voronége; mais dans les localités plus septentrionales ainsi que dans le gouvernement de Saratow, cette opération se fait à la fin de mai ou au commencement de juin. Ce sont d'ailleurs les conditions atmosphériques et les termes des ventes de la laine qui déterminent l'époque de la tonte.

Après la tonte on plie les toisons en rouleaux, et on en fait des paquets qu'on emballe dans des sacs.

Dans la Nouvelle et la Petite-Russie, ainsi que dans les provinces Baltiques, le lavage de la laine à dos s'exécute de la manière la plus simple: on fait passer aux brebis un étang, un lac, une rivière à la nage, sans placer dans l'eau un appareil quelconque adapté au lavage; ce n'est que dans des cas exceptionnels qu'on y établit des espèces de couloirs construits en planches, en osier, en branchages, etc., et terminés par des tréteaux, si la rive est escarpée ou pas assez ferme. Ce mode de lavage donne des résultats fort défectueux: souvent la laine est tout aussi sale après le lavage qu'avant, car on ne fait rien pour garantir les brebis sortant de l'eau, de la poussière et de la boue des chemins. En fin de compte, ce système de lavage donne moins de 50 % de laine pure, au lieu d'en fournir 60 à 70 %

et au-delà. Il est principalement en vigueur dans la Petite-Russie, et en partie dans le gouvernement d'Ekatérinoslaw; dans les autres endroits de la Nouvelle-Russie, dans la province du Don et dans les gouvernements de la Grande-Russie il n'existe qu'à l'état d'exception par manque d'eau et plusieurs autres raisons: dans plusieurs bergeries des gouvernements de Kharkow et d'Ekatérinoslaw, par exemple, qui fournissent leurs laines pour la foire de Troïtza, tenue à Kharkow à la fin de mai, ces laines ne sont pas lavées uniquement parce qu'on n'a pas le temps de le faire avant la foire, l'eau étant encore très-froide à cette époque.

Le lavage des toisons se fait dans des lavoirs spéciaux établis dans le rayon des grandes bergeries. Ceux de la Nouvelle-Russie sont principalement concentrés à Kherson, mais il y en a aussi plusieurs sur le Dnièstre, le Boug, à Kichinew, Odessa, Elisabethgrad, Ekatérinoslaw et Rostow sur Don. Tous ces points ne possèdent pour la plupart qu'un lavoir chacun, excepté Rostow, qui, sous le rapport commercial, fait plutôt partie de la province du Don. De Kherson les toisons lavées sont généralement expédiées à Odessa, et de là exportées à l'étranger. Les lavoirs de la Petite-Russie sont disposés le long des confins septentrionaux de l'élevage des brebis en cette zone. Le centre principal en est Kharkow, ensuite Belgorod, plus loin Izioum, Oboyane et quelques autres villes dans lesquelles, cependant, le nombre des lavoirs n'est pas considérable. Les principaux centres des lavoirs de la laine fine, recueillie dans les gouvernements de la Grande-Russie, sont: Voronége, Borissoglebsk, Tchembary et quelques villages du gouvernement de Tambow et surtout de Saratow; Rostow sur Don et Eïsk; outre cela les toisons de ces gouvernements sont aussi lavées à Belgorod, Oboyane et même à Kharkow.

Les plus grandes masses de *brebis communes* se trouvent dans les contrées de l'Asie centrale, dans les gouvernements sud-est de la Russie d'Europe, au Caucase et en Sibérie; ensuite viennent les provinces centrales, la Finlande, les gouvernements du nord, du nord-ouest et la Pologne. Il y a quatre races de brebis communes en Russie: *les Tchoundouki*, la race *Valaque*, la race de *Tsigaï* et la *race russe*. Les brebis de la première race se distinguent par une grande taille et une grosse queue fendue, remplie de graisse, dont le poids est de 20 à 30 livres; ces brebis constituent l'apanage de l'élevage nomade, et sont le plus répandues parmi les Kirghizes, les Kalmouks et les Bachkirs; on les élève aussi dans les provinces du Don et du Kouban, en Crimée et dans les parties littorales d'Azow dans le gouvernement d'Ekatérinoslaw.

La brebis *Valaque* est aussi grande de taille, et a une queue large et cunéiforme; sa laine est lustrée, mais grossière et tassée; cette race est répandue dans tout le midi, surtout au Caucase, dans la province du Don, et dans les économies rustiques de la Nouvelle-Russie; chez les gros propriétaires de cette région elle a dû faire place au mérinos. Venant de l'occident, elle faisait, en se propageant, reculer la race des tchourdouki vers l'orient, tandis qu'elle se mélangeait elle-même dans le nord avec la race russe.

Les brebis de *Tsigaï*, dont l'extérieur ressemble beaucoup au mérinos, ont la laine plus longue, mais pas aussi molle et moins vrillée que celle de ces derniers; cette race est répandue dans la Bessarabie, et dans quelques parties de la Tauride et du gouvernement de Kherson.

La race *russe*, petite de taille, à laine assez grossière, prédomine dans toute la Russie centrale et septentrionale. Les sous-races améliorées les plus connues sont: celle de *Réchétiloff*, qu'on trouve au sud du gouvernement de Poltava, célèbre par sa toison noire et blanche (qu'on appelle en France communément, mais à tort, *fourrure d'Astrakhan*); celle *d'Aïdara* ou de *Bitioug*, dans le gouvernement de Voronége, et en dernier lieu celle de *Romanow*, dans le gouvernement de Yaroslaw, dont les peaux légèrement tannées servent à la confection de sarraux ou houppelandes, que nos paysans portent en hiver, le poil existant les garantissant des rigueurs de la saison.

*Entretien de brebis communes*. Les peuples nomades n'accordent presque aucune espèce de soins à leurs tchoundouki; ne se souciant pour la plupart, ni de faire des provisions de fourrages pour l'hiver, ni de construire des abris à l'effet de garantir des intempéries de l'air leurs brebis, qui restent en pâture toute l'année, même pendant la neige. Cependant les Kalmouks, qui campent au delà du Don, établissent des parcs pour leurs brebis et amassent du foin pour l'hiver. Les brebis Valaques et les Tsigaï restent en pâture dans la Nouvelle-Russie une grande partie de l'année, et dans le midi de la Bessarabie presque toute l'année. Aux confins orientaux de la Russie méridionale et dans la province du Don, on garde les brebis en hiver dans des bergeries, les mettant en pacage pendant le jour. Dans les localités septentrionales de la Nouvelle-Russie et dans le pays du Don, les paysans font souvent rentrer les brebis dans les bergeries pour la nuit, même en été. En général, plus on approche du nord, plus l'entretien des brebis se fait soigneusement. Dans les petits villages qui manquent de pâturages, ou dont les pâturages ne sont pas éloignés, on ramène les brebis pour la nuit dans les villages, les parquant dans une cour commune, ordinairement la plus proche de l'extrémité du village, ou bien on partage le troupeau en petits groupes, que chaque paysan abrite dans sa cour. Là où il y a abondance de prés, ou dans les grands villages situés loin des pacages, les brebis passent la nuit dans les prairies, ou près d'une eau quelconque.

La tonte des brebis se fait soit une fois, soit deux fois par an.

Les éleveurs petits-russiens, les Bolgares, les Moldaves, et les Kalmouks pratiquent la tonte annuelle; ceux de la Grande-Russie la font deux fois par an.

Ces usages différents ont leur raison d'être dans la différence des conditions atmosphériques. Les éleveurs de la Grande-Russie, tenant compte des rigueurs du climat, et de l'intensité de l'élevage, construisent pour l'hiver des bergeries chauffées, condition qui favorise la tonte automnale; mais à mesure qu'on s'approche du sud, on trouve que les brebis sont de moins en moins garanties du mauvais temps et du froid, en vue de quoi la tonte automnale ne laisserait pas que d'être nuisible aux brebis. La laine fournie par la tonte annuelle porte le nom de *laine de toison*, celle qu'on recueille deux fois par an s'appelle *laine courte*. Les brebis tchoundouk donnent à la tonte de printemps de 3 à 5 livres de laine, à celle d'automne la moitié de cette quantité. Les brebis russes fournissent aussi au printemps de 3 à 5 livres de laine, et en automne jusqu'à 2 livres; celles de Tsigaï un peu moins. La quantité totale de la laine recueillie est à peu près la même, qu'elle soit le produit d'une tonte annuelle ou d'une tonte semestrielle.

Pour ce qui est de la totalité des laines fines recueillies en Russie, un calcul approximatif donne les chiffres suivants. Si l'on évalue le rendement de chaque brebis seulement à 5 livres de laine en suint, on a un total de 1,569,000 pouds. En supposant le prix de chaque poud de laine fine en suint de 9 roubles, la valeur totale donnera un chiffre de 14 millions de roubles. Quant aux laines fournies par les brebis communes, admettant que chacune d'elles donne un rendement moyen de 7 livres par an, on aura un total de 9,245,000 pouds, ce qui fait, au prix moindre de 3 r. 50 c. par poud, une somme de 32,357,000 roubles, laquelle, ajoutée au produit des laines fines, accuse un total de 46,357,000 roubles. Outre cela, près de 12 millions de moutons sont livrés annuellement à la boucherie, et leur rendement moyen est de 30 à 40 livres de viande et jusqu'à 10 livres de suif pour chacun; en tout: plus de 10 millions de pouds de viande et près de 3 millions de pouds de graisse de mouton.

L'exportation des brebis et autre menu bétail présente les chiffres suivants:

De 1862 à 1866 ont été exportées 564,000 pièces.
» 1867 à 1871 » » » 558,000 »
» 1872 à 1875 (1er octobre) 1,357,000 »

Le prix moyen des pièces exportées oscille par année entre 3 et 40 roubles par tête. Evaluant la pièce à 10 roubles en moyenne, on aura la valeur totale de l'exportation dans le chiffre approximatif de: 3,890,000 roubles.

*Race porcine.* On compte en Russie jusqu'à 11,694,000 pièces de la race porcine, chiffre qui donne 14, 3 têtes par 100 habitants. Le nombre des porcs place la Russie en tête de tous les autres Etats de l'Europe,

| | | |
|---|---|---|
| car l'Autriche en compte jusqu'à | 11,436,000 | têtes. |
| La Grande-Bretagne . . . | 7,416,000 | » |
| La France . . . . . . . | 5,889,000 | » |
| La Prusse . . . . . . . | 4,875,000 | » |
| L'Italie . . . . . . . . | 3,887,000 | » |

L'élève des porcs est fort inégalement répartie dans les différentes contrées de l'Empire, savoir:

| | | |
|---|---|---|
| La Russie d'Europe possède . . . | 9,404,000 | têtes. |
| La Pologne . . . . . . . . . . | 928,000 | » |
| Le Caucase . . . . . . . . . . | 588,000 | » |
| La Sibérie . . . . . . . . . . | 536,000 | » |
| La Finlande . . . . . . . . , . | 225,000 | » |
| Les provinces de l'Asie centrale . . | 13,000 | » |

Ainsi la Russie d'Europe ne le cède en quantité de porcs qu'à l'Autriche; dans les autres parties de l'Empire le nombre n'en est, comparativement parlant, qu'assez médiocre. Les données numériques relatives à la répartition de ces bêtes par gouvernements, montrent que les provinces méridionales, et surtout celles du sud-ouest, en sont bien plus riches que les gouvernements du nord et du nord-est (à l'exception du gouvernement de Viatka); que le chiffre le plus élevé par rapport au territoire appartient aux provinces de la Petite-Russie; qu'en fait de gouvernements du centre, ce sont ceux de Koursk, de Voronége et d'Orel où il y a abondance de porcs, et qu'enfin les gouvernements d'Olonetz et d'Arkhangel n'en comptent qu'un nombre très-modique.

Les principales races porcines indigènes qu'on élève en Russie sont: le cochon *courtes-oreilles*, le cochon *aux oreilles pendantes*, le cochon tridactyle, celui du *Caucase* et celui *de la Sibérie.*

La race *courtes-oreilles* ou la *race rustique* est répandue sur tout le territoire de la Russie d'Europe, et offre le type d'un cochon médiocrement gros, commun, nullement amélioré. Elle se distingue par une tête massive au groin allongé, un corps resserré et compact; ses oreilles sont droites, de longueur moyenne, couvertes d'un poil rude; quelquefois la conque est légèrement inclinée en avant. Elle est haut montée; son dos saillant et les flancs fortement resserrés. Son corps est couvert de soies fort abondantes, et sa robe dominante est d'un paille boueux; on en voit cependant aussi de pies, c'est-à-dire bariolés de taches noires et rousses.

La valeur économique de cette race est, comparativement parlant, assez médiocre. Elle est si peu précoce, qu'elle n'atteint son développement complet que dans sa troisième année; elle est aussi lente à s'engraisser, donne un lard passable, mais sa viande est mauvaise et maigre.

Livrée à l'abat et nettoyée, son poids ordinaire est de 6 à 10 pouds. Un porc adulte fournit plus d'une livre de soies.

Le cochon *à oreilles pendantes* (cochon *finnois* ou *tchoudien*) est principalement élevé dans les économies de la zone occidentale de la Russie. Ses traits caractéristiques sont: de grosses oreilles longues et larges à l'extrême, mollement pendantes et battant les joues et en partie les yeux. Le groin est très-allongé, le bas des joues toujours plissé, son corps très long, les côtes resserrées; la poitrine étroite, le dos arqué quoique plus arrondi que celui de la race précédente; les jambes hautes, mais relativement au corps pas longues; la queue presque toujours recroquevillée. La robe est la même que celle de la race courtes-oreilles. Le cochon finnois surpasse de beaucoup cette dernière en grosseur, et engraissé pèse de 15 à 20 pouds. Sa valeur économique est supérieure à celle des cochons courtes oreilles, quoique son développement soit aussi tardif et son engraissage fort coûteux; mais il donne en échange d'épaisses couches de lard *sous-cutané* et de la viande de bonne qualité.

Le cochon tridactyle se distingue des races précédentes par ses pieds, dont les deux doigts du milieu sont adhérents l'un à l'autre, de manière à ne former qu'un seul sabot, ce qui, avec les deux doigts externes, portés en arrière en sabots supplémentaires, n'en fait en tout que trois. Outre cela il a le train de derrière plus développé et les incisives plus courtes que les autres races. Ces deux dernières particularités donnent une valeur spéciale à cet animal, valeur qui s'accroît encore par sa précocité à l'engraissage, bien supérieure à celle des cochons rustiques.

Les porcs tridactyles sont moins répandus que les deux races précédentes et sont principalement élevés dans les localités riveraines de la Duna occidentale. — Les confins de la Russie d'Europe présentent quelques sous-races porcines dispersées dans différentes localités et dont la provenance est due pour la plupart aux différents modes d'entretien ainsi qu'à la diversité des conditions climatériques. Ainsi, par exemple, on trouve dans quelques localités de la Crimée *le porc frisé*, dont le corps est couvert de longues soies vrillées.

Le croisement de cette race avec celle du cochon finnois a donné la souche des *porcs de Pologne*, indigène dans les provinces riveraines de la Vistule. Les porcs de ces dernières races forment un degré de transition des races indigènes aux races de culture européenne.

Le cochon rustique du Caucase est principalement répandu dans la région transcaucasienne. Les animaux de cette race ont les oreilles longues et pendantes; le groin très-allongé; le dos saillant, maigre et resserré aux côtes; le corps grêle, léger, haut monté, et couvert de soies épaisses et rudes. Ils sont généralement très-agiles. Leur taille n'est pas grande, le cédant un peu en cela aux cochons rustiques russes. La robe est presque toujours noire, mais on trouve aussi des porcs blancs. Le poids sur pied d'un verrat adulte et engraissé s'élève jusqu'à 5 à 7 pouds. Les truies du Caucase se distinguent par une grande fécondité, et mettent bas des gorets pies à rayures. Le nombre de porcelets qu'elle donne en une portée est de 10 à 18 pièces.

Les localités peuplées de la Sibérie font l'élevage d'une race distincte, qui se rapproche assez, cependant, de la race courtes-oreilles, et porte le nom de *porcs de Sibérie*. Son extérieur présente les traits suivants: le groin allongé, pointu, la tête sèche, les oreilles courtes et droites, le dos saillant, les côtes plates; les jambes hautes, le corps grêle et couvert de soies lisses et dont les brins sont légèrement inclinés en arrière. Leur robe dominante est noire et grise, cependant on en trouve aussi de rayés et de bariolés. La queue est légèrement recourbée et couverte de poils. Cette race n'a pas une grande importance économique: sa fécondité n'est pas grande, et son poids d'abatage ne va pas au delà de 2 à 6 pouds. On trouve aussi le cochon finnois dans quelques localités de la Sibérie occidentale, principalement dans les villes.

Quant aux races porcines étrangères, ce sont surtout les races anglaises qu'on importe en Russie, et parmi elles *la race du prince Albert* a le plus de vogue; ensuite viennent les *Berkshire*, les *Yorkshire*, etc., ainsi que le porc *chinois* et *japonais*. L'élevage de toutes ces races les conserve en pur sang, ou les croise avec les races russes. La race du prince Albert se trouve être la plus appropriée aux conditions de l'économie russe, surtout pour le croisement avec les races rustiques russes. Les métis issus de ces croisements surpassent ordinairement le porc russe en qualités adipeuses et en précocité. L'éducation de cette race en pur sang trouve un obstacle à son développement dans les rigueurs de notre climat. La peau des cochons du prince Albert étant presqu'entièrement dégarnie de soies, les éleveurs ont à se plaindre de leur grande susceptibilité au froid.

De tous les animaux domestiques, les porcs sont ceux dont l'entretien impose le moins de soins aux éleveurs. Dans les villages russes, les cochons sont pour la plupart complètement dénués de toute surveillance et parfaitement libres d'errer où bon leur semble: dans les bois, dans les champs, dans les rues, dans l'enclos où l'on dépose les meules de blé, etc. Dans les localités méridionales, ils sont laissés au vert pendant toute l'année, et restent en plein air même pendant la nuit; ce n'est que lorsque les froids sont très rigoureux, et que les pâturages sont couverts de neige, qu'on les fait rentrer dans les porcheries. Dans la région centrale et au nord de la Russie, les soins donnés aux porcs sont les mêmes que pour tout le reste du menu bétail: c'est-à-dire que dans la journée on les mène paître avec les brebis et les veaux, et qu'on les enferme pour la nuit dans les étables et dans les loges. On ne fait presque nulle part de provisions d'hiver pour l'alimentation des porcs; leur capacité omnivore leur permet de se nourrir de toutes sortes de déchets et de reliefs de la cuisine domestique.

L'engraissage des porcs ne se pratique sur une grande échelle que dans les endroits voisins des distilleries d'eau-de-vie et de betterave, d'amidonneries et d'huileries. Dans les villages, et surtout dans les villes, on engraisse les porcs aux graines de blé, aux pommes de terre et autres plantes-racines, mais pas ailleurs que dans les porcheries. Cependant au Caucase et dans quelques parties de la Sibérie on ignore l'engraissage artificiel, se contentant de faire paître les porcs dans les forêts, où ils trouvent des glands, des noix, etc., en abondance.

L'élève des porcs présente en général une branche d'économie fort lucrative, parce que, outre les principaux rendements en viande et en lard, qui trouvent toujours un débit assuré et très-étendu parmi la population locale, et font l'objet d'une exportation considérable, — les porcs donnent encore une branche collatérale de revenu très-importante, sous la forme de soies.

La Russie est presque le seul pays qui produise des soies de porcs dans une quantité suffisante pour défrayer les besoins de toute une branche d'industrie. Les meilleures et les plus abondantes soies sont fournies uniquement par les porcs rustiques, communs, ceux enfin qui se rapprochent le plus de leur sauvage parent, le sanglier.

La plus grande quantité de soies est produite par les gouvernements du centre, et principalement ceux du nord. On estime que les meilleures soies sont celles qu'on recueille sur l'épine dorsale de la bête. Celles de Sibérie et de Sarapoul (gouvernement de Viatka) sont renommées comme offrant la plus belle qualité. Le prix moyen de la soie de porc est de 50 à 55 roubles par poud.

L'exportation des porcs a pris dans les dernières années un accroissement considérable: de 1869 à 1872 le nombre des pièces exportées était de 1,344,820, ce qui donne une moyenne annuelle de 336,205 pièces; le chiffre donné par les deux années suivantes est:

| | | |
|---|---|---|
| En 1873 | 689,000 | pièces. |
| » 1874 | 845,000 | » |

Estimant la valeur de chaque porc à 10 r., nous avons un total de 8,450,000 roubles. Outre cela la quantité des soies de porc exportée annuellement s'élève en moyenne à 114,440 pouds, accusant une valeur de 6,717,227 r. De sorte que l'exportation totale des produits de la race porcine peut être évaluée au taux de 15,167,227 roubles par an.

Avant de terminer, il faut encore faire mention de deux branches de l'élevage: la *sériciculture et l'agriculture séricicole.* L'éducation du ver à soie en Russie a pris naissance au XVIIe siècle; mais les localités des provinces méridionales où l'on avait essayé de consolider cette branche d'industrie ont manqué de conditions favorables pour la croissance du mûrier; de sorte que, à l'heure qu'il est, c'est à peine si on recueille 500 pouds de soie dans la Russie d'Europe, savoir: dans les gouvernements de Kherson, dans la Tauride, dans les colonies des Mennonites près de Mélitopol, et en très petite quantité dans les gouvernements de Poltava, de Kiew et de Podolie. Une toute autre importance présente la sériciculture dans la région transcaucasienne, où elle a été introduite bien plus tard, mais où, grâce au concours de circonstance favorables, elle n'a pas tardé à prendre un grand développement, et était jusque dans ces derniers temps une source de revenu pour le pays, équivalant à près de 4 millions de roubles. Le centre principal de l'éducation des vers à soie au Caucase est représenté par les districts de Noukha (gouvernement d'Elisabethpol), et de Koubane (gouvernement de Bakou); il y a peu d'années, les sériciculteurs italiens et français étaient empressés de visiter ces localités pour en exporter la graine des vers à soie; en 1863 la quantité exportée était de 3,000 pouds, représentée par une valeur de plus d'un million de roubles. En 1864, les ravages produits par une maladie du ver à soie mirent un terme à cette exportation, et depuis, non-seulement les graineurs ont cessé de visiter la province transcaucasienne, mais on fut même obligé, dans le but de sauver l'industrie séricicole d'une ruine totale, de dépenser de larges sommes pour l'importation de la graine du Japon. Les cocons des vers à soie étaient également exportés en grande quantité, mais les dernières années n'ont donné pour ce produit que le chiffre de près de 3,000 pouds, évalués à 180,000 roubles. Un dernier objet d'exportation est fourni par la soie grége, représentant un revenu annuel de 500,000 r. On dévidait aussi de la soie en Mingrélie et en Imérétie; mais elle ne se distinguait pas par une haute qualité, et lorsqu'éclata la maladie du ver à soie, cette branche d'industrie tomba dans ces provinces pour ne plus se relever. L'élève du ver à soie se fait aussi dans le Turkestan, et quoique la quantité de la soie recueillie n'y soit pas encore exactement constatée, les conditions locales et atmosphériques portent à croire que cette branche d'industrie est destinée à prendre de grands développement dans cette région.

*L'Apiculture.* La pratique apicole porte en Russie un caractère sporadique, étant répandue dans tout l'Empire, mais surtout dans la Petite et la Nouvelle-Russie. C'est dans les gouvernements de Poltava et d'Ekathérinoslaw qu'elle atteint ses plus grandes dimensions, car le nombre des ruches monte dans le premier jusqu'à 500,000 pièces, et dans le second à 400,000. Dans la région occidentale, l'éducation des abeilles est le plus développée dans le gouvernement de Kovno, formant l'occupation favorite des Samogites. A l'Est elle prospère dans les gouvernements de Kostroma, de Kazan, de Simbirsk et d'Oufa; les peuplades de races étrangères: les Mordva, les Tchouvaches, les Backkirs, les Mechtchériens en font aussi leur métier de prédilection. En Sibérie c'est la zone d'Altaï, et au Caucase les provinces de la Géorgie et de l'Imérétie qui s'occupent surtout d'apiculture. Le mode d'élevage le plus en vigueur au midi de la Russie est l'éducation ruchère, c'est-à-dire qu'on dispose dans les bois et les jardins des ruches artificielles; au nord de la Russie on loge les essaims dans les troncs d'arbres. L'industrie apicole trouve sa raison d'être dans la grande consommation que les paysans russes font du miel, qui est pour eux, surtout en carême, un excellent succédané du sucre, trop cher pour leurs bourses modiques. Les cérémonies religieuses du rite grec demandant un nombre fort considérable de cierges, servent aussi au développement de cette industrie, car le produit annuel de la vente des cierges dans les églises accuse un chiffre de 1,200,000 r. La quantité totale de miel recueilli dans la Russie d'Europe est évaluée à 600,000 de 700,000 pouds, et celle de la cire à 200,000 pouds. En admettant que le prix de vente du premier produit est de 5 r. par poud, et celui du second de 30 r. par poud, nous aurons pour le revenu brut donné par l'apiculture en Russie un total annuel de 9,500,000. r.

*Exportation des produits animaux de la Russie à l'étranger.* Outre les animaux domestiques, dont l'exportation a été traitée plus haut, un rôle important est assigné dans le commerce extérieur aux produits animaux, comme: laines, peaux et cuirs, suif, beurre, os, crins de garrot, et de queues, et autres rendements.

En comparant toutes les données relatives à l'exportation de ces objets, on trouve que dans la dernière période quinquennale la moyenne annuelle de la somme d'exportation était, pour les différents rendements, comme suit:

| | | |
|---|---|---|
| Laines diverses pour la somme de | 13,995,311 | roubles. |
| Suif | 8,250,323 | » |
| Soies de porc | 6,717,227 | » |
| Peaux non tannées | 2,652,521 | » |
| Beurre et fromages | 1,498,669 | » |
| Crins | 1,292,536 | » |
| Os | 820,723 | » |
| Œufs et plumes de volaille | 254,401 | » |
| Viande | 132,504 | » |
| Cornes et sabots | 31,398 | » |
| Poil de chèvres et autres | 10,092 | » |
| Total | 35,646,715 | roubles. |

Si l'on ajoute à ce total la moyenne annuelle de la valeur des animaux domestique, exportés de la Russie à l'étranger dans les dernières années, dont le chiffre est évalué à 16,530,000 roubles, on trouvera que les produits animaux que la Russie a exportés à l'étranger, pendant les dernières cinq années, ont donné en moyenne annuelle une somme de 52,176,715 roubles.

# X.

## PÊCHERIES.

Valeur totale des produits de la pêche en Russie. — Importance des différents bassins aquatiques. — Causes d'une grande abondance de poisson en Russie. — Espèces de poissons. — Engins de pêche. — Préparation et conservation des produits de la pêche. — Organisation des pêcheries et règlements relatifs à la pêche fluviale et maritime. (*)

---

Les pêcheries constituent une des branches les plus importantes de l'industrie nationale en Russie; elles ont été l'objet d'une enquête spéciale tant sous le rapport scientifique qu'économique et administratif, ordonnée par le Ministère des Domaines de l'Etat et appliquée à tous les bassins aquatiques de la Russie d'Europe, dans la période de 1851 à 1872. Un calcul basé sur les données recueillies par cette exploration aux prix existants sur les lieux mêmes évalue à 25,000,000 r. la valeur des produits des pêches dans la Russie d'Europe, à l'exception de la Finlande. Cette somme se répartit sur les différents bassins des pêcheries comme suit: la mer Caspienne avec les embouchures des fleuves qui s'y jettent, c'est-à-dire du Volga, de l'Oural, de la Koura et du Térek livre au commerce un produit de la valeur de 15,000,000 roubles, ce qui fait plus 60 % du total des pêcheries; la mer d'Azow — jusqu'à 4,000,000 (16 %); la mer Baltique près de 1,250,000 r. (5,4 %). Le produit des pêches de la mer Blanche, de l'Océan Glacial sur le littoral du gouvernement d'Arkhangel, et des fleuves qui se jettent dans ces mers, donne plus de 1 million de roubles (4 %); celui de la mer Noire près de 600,000 r. Donc le total des pêcheries exercées dans les cinq mers qui baignent les côtes de la Russie, ainsi que dans les parties inférieures de leurs affluents, représente une valeur de près de 22,000,000 r.

---

(*) Recherches sur les pêcheries en Russie, publiées par le Ministère des Domaines, en IX volumes, 4 albums.

Pour ce qui est du produit des pêches fluviales et lacustres de l'intérieur de la Russie d'Europe, il peut être évalué de 3 à 5,000,000 r. En général il faut faire observer que la somme ci-dessus mentionnée (25 millions), figurant comme valeur moyenne d'une pêche annuelle en Russie, est plutôt au-dessous qu'au-dessus de la réalité. La pêche a aussi une grande extension en Sibérie. Afin d'obtenir une notion plus claire de l'importance des pêcheries en Russie, il suffit de se rappeler que le produit total de la pêche exercée par les Anglais, les Français et les Américains dans les eaux de la Terre-Neuve représente une valeur de 9,250,000 r., soit 61,7 % de la valeur totale des pêcheries de la mer Caspienne. Un autre terme de comparaison est fourni par les pêches de tout le littoral de la France, donnant un revenu de 3,375,000 r., et par les pêches des côtes de la Norvége, qui fournissent de la morue et des harengs pour près de 7,000,000 r. Or, la supputation de tous ces chiffres représente à peine une somme égale à la valeur des pêcheries de la mer Caspienne, de la mer d'Azow et de la mer Noire. Cette comparaison suggère deux questions: 1) Pourquoi, avec une si grande abondance de poisson, la Russie en exporte-t-elle si peu? et 2) Comment des bassins d'une étendue aussi insignifiante que les mers Caspienne et celle d'Azow, peuvent-ils rivaliser en quantité de poissons fournis au commerce avec la plus grande partie du bassin septentrional de l'Océan Atlantique, depuis le cap Nord jusqu'aux côtes de l'Amérique, et une partie de la mer Méditerranée? La réponse à la première question est toute simple. Il suffit de prendre en considération l'étendue insignifiante du littoral maritime et lacustre de la Russie, comparée à l'immensité de sa masse continentale, peuplée de 82,000,000 d'habitants, à qui le poisson sert d'important aliment — pour comprendre pourquoi l'exportation des produits de la pêche atteint en Russie à peine le chiffre de 750,000 r. et comprend en grande partie, soit les produits non alimentaires, comme l'ichthyocolle, soit des produits de luxe, comme le caviar, et pourquoi la Russie fait une importation de poisson étranger pour près de 2,000,000 r., dont les objets sont principalement les harengs, la morue et en quantité minime les sardines, les anchois et autres produits d'assaisonnement.

Pour ce qui est de la seconde question, M. Danilevsky, qui a exploré les pêcheries en Russie, y donne la réponse en termes suivants:

« 1° Les réservoirs d'eau douce ou d'eau saumâtre, comme la mer « Caspienne et l'Azow, toutes choses égales d'ailleurs, doivent plus abonder « en poissons que les océans et les mers à salure normale. Dans ces dernières, « outre les poissons et les animaux qui par leur exiguïté et leur mollesse « peuvent facilement leur servir de pâture, une grande quantité de matière

« animale se présente sous la forme d'échinodermes, de mollusques à coquilles « et de coraux, c'est-à-dire sous des formes où l'animal est entouré d'une « enveloppe inorganique très dure qui le protége contre la voracité de presque « tous les poissons.» . . . « Dans les bassins d'eau douce, au contraire, « presque toute la matière animale prend la forme des poissons, ou se pré- « sente sous d'autres formes animales, comme infusoires, annélides, larves « d'insectes, mollusques à coquilles fragiles, tous de petite taille et tous aptes « à servir de nourriture même aux plus petites espèces et aux plus jeunes « individus de poissons. Or, les éléments organiques y sont propres sous « telle ou autre forme d'échinodermes, à servir comme nourriture à la « multiplication des poissons. En outre, les eaux douces et saumâtres sont « aussi peuplées par la famille plus ou moins herbivore des cyprinoïdes, dont « les espèces peuvent se nourrir de conferves, de limon et en général de « substances végétales en décomposition, tandis que les mers salées ne « nourrissent presque que des espèces carnivores (dans le sens étendu du « mot). Dans les bassins d'eau douce et saumâtre tout est pour ainsi dire « adapté à ce que la matière organique puisse arriver au plus vite, par une « série de métamorphoses, à la forme de poisson. L'académicien Bær, se « fondant sur ses nombreuses observations, croit même pouvoir affirmer que « dans chaque vaste bassin d'eau douce toute la quantité de substance nu- « tritive qui s'y produit annuellement se métamorphose presque complètement « en poisson.

« 2° La seconde cause de la richesse en poissons des mers Caspienne « et d'Azow réside dans leur peu de profondeur. Les fleuves qui se jettent « dans la mer y apportent une grande quantité de substances organiques « qui fument pour ainsi dire la mer. Donc, moins le bassin dans lequel ils « se déversent sera profond, plus la solution de substances nutritives sera « concentrée».

« 3° Enfin la troisième cause consiste dans la propriété extraordinaire « de propager le poisson des embouchures qu'ont quelques fleuves qui se « jettent dans ces deux mers, et surtout ceux du Volga et du Kouban.

« Les deltas de ces fleuves contiennent un vaste réseau de lacs nommés « *limans* ou *ilmènes*, d'une forme ramifiée et généralement de profondeur « médiocre, qui communiquent entre eux et avec les bras du fleuve au moyen « d'une quantité de petits cours d'eau nommés *yériks*. Dans leur eau peu « profonde, fortement échauffée par le soleil, couverte d'innombrables plantes « aquatiques, il se produit une immense quantité de substances organiques « très aptes à servir de nourriture aux jeunes poissons. Outre cela les eaux cou- « vertes de joncs, de roseaux (*Juncus* et *Scirpus*) de typhos, de potamogéton, etc.

« forment les localités le mieux appropriées à la propagation de la plupart « des poissons qui font l'objet des pêcheries russes. . .» « L'énumération des « causes qui procurent à la mer Caspienne et à celle d'Azow la possibilité « de rivaliser, au point de vue de l'abondance des produits de la pêche, « avec les bassins d'une étendue bien plus considérable, montre que le carac- « tère de leur faune doit avoir le caractère de faune d'eau douce.»

C'est aussi le caractère prédominant de tous les poissons russes, à tel point que sur toute la masse des produits de cette industrie, c'est à peine si les poissons maritimes donnent une proportion de $^1/_{20}$.

Quant à la valeur présentée par chaque espèce de poissons séparée, on peut sous ce rapport les diviser en plusieurs catégories, suivant le degré d'importance qu'ils occupent dans le commerce.

*La première catégorie* embrasse les espèces connues sous la dénomination de *poisson rouge;* c'est-à-dire quatre espèces d'esturgeons: *la bélouga, l'estur-geon,* le *chipe* et la *sévriouga,* et *le sterlet.* Le poisson rouge peuple de prédilection les bassins méridionaux et surtout la mer Caspienne. Le poisson le plus gros de cette espèce est la *bélouga,* dont le poids ordinaire est de près de 3 pouds, mais qui pèse souvent 20 et 25 pouds, et quelquefois même jusqu'à 40 et 60 pouds. On en a vu même du poids de 80 pouds, et dont le produit en caviar était de près de 25 pouds. Evaluée au total, la valeur du poisson rouge et de son rendement est de 8,000,000 roubles, dont la colle de poisson fournit près de 600,000 roubles (5,500 pouds); la vésiga (corde dorsale essorée de l'esturgeon) — près de 100,000 roubles; le caviar— près de 2,250,000 roubles et la chair de poisson — près de 5,000,000 roubles.

*A la seconde catégorie* appartiennent celles des espèces de poissons qui sont expédiées en masses énormes des lieux de la production, dans toutes les parties de la Russie. D'après leur importance commerciale ils se rangent comme suit:

Le *sandat* (Lucioperca vulgaris) dont on prend quelquefois jusqu'à 45,000,000 pièces dans les embouchures seules du Volga, et jusqu'à 7,000,000 pièces dans celles du Kouban. L'Oural, le Don, les lacs et autres fleuves de la Russie en produisent aussi une grande quantité, dont la valeur totale s'élève jusqu'à plus de 2,000,000 roubles.

*Le hareng commun,* celui de la mer Blanche et de la Baltique (Clupea harengus). Dans la mer Blanche la pêche du hareng donne jusqu'à 150,000,000 pièces, principalement dans la baie de Soroka du golfe d'Onéga. Le *hareng du Volga* et *d'Azow* (Clupea portica Eichw.), qu'on sale dans une quantité de 50 à 100 millions, et dont on extrait outre cela de 100 mille à 150,000 pouds de graisse. La brême (abramis brama), dont la quantité moyenne prise dans la mer Caspienne s'élève jusqu'à près de 30,000,000 pièces, soit à 1,375,000 pouds, chiffre qui s'augmente de plusieurs millions d'individus pris dans la partie septentrionale de la mer d'Azow, ainsi que dans les lacs du nord et du nord-ouest de la Russie, donne en total un revenu de plus de 1,500,000 roubles.*)

*La taranne* (Leuciscus Heckeli Nord.) Le delta du Kouban en fournit de 40 à 60 millions de pièces, une quantité presque égale en est prise dans le Don et la mer d'Azow. Ce poisson, de l'espèce la moins chère, est expédié principalement par la Petite-Russie et les provinces du sud-ouest, et en quantité insignifiante pour la Moldavie et la Valachie.

*L'éperlan* (Osmerus eperla, nus. var. lacustris) est le plus petit de tous les poissons servant à l'alimentation de l'homme. Le lac Tchoudi seul en produit près de 300,000 pouds, séchés sur place; une énorme quantité en est aussi fournie par le lac Blanc; on l'expédie d'ici à l'état gelé.

Une grande quantité en est prise aussi dans les lacs à fond sablonneux des gouvernements d'Olonets et de Novgorod. Le produit total des poissons de la 2me catégorie représente une valeur de 7 à 8,000,000 roubles. Sous la *troisième catégorie* viennent se ranger les poissons dont la valeur commerciale varie de 500,000 à 1,000,000 roubles et qui servent à l'alimentation locale et, quoique répandus par tout l'Empire, ne présentent nulle part l'objet d'une consommation générale. Tels sont: la *morue*, qui trouve son débouché exclusif dans les trois gouvernements du nord: d'Arkhangel, d'Olonets et de Vologda — en partie aussi dans celui de Pétersbourg. La pêche de la morue se fait sur la côte Mourmane de l'Océan Glacial, et donne un produit moyen de près de 250,000 pouds. C'est du foie de ce poisson qu'on extrait une graisse médicinale, connue sous le nom d'huile de foie de morue et dont l'importance commerciale tend annuellement à s'accroître. — La *carpe* (Cyprinus carpia) est répandue dans toutes les eaux de la Russie; la pêche en est surtout abondante dans la Koura, le Volga et le Kouban, ainsi que dans la mer Caspienne; elle donne dans ces eaux une moyenne de 200,000 pouds. Le *silure* (Silurus glanis) abonde dans les fleuves susmentionnés; la mer Caspienne en produit annuellement jusqu'à 185,000 pouds, ce qui représente une valeur de 315,000 roubles. Ce poisson est exporté en quelque quantité par la Moldavie et la Valachie. *Le saumon* et *la truite saumonée*, dont la pêche dans la mer Blanche et ses affluents donne une quantité de 20,000 pouds; on en trouve aussi beaucoup dans les grands lacs de la

*) Le caviar seul fourni par les brêmes et les sandats de la mer Caspienne représente un total de plus de 200,000 pouds.

Russie du nord-ouest, tels que le Ladoga et l'Onéga. Outre la pêche dans les eaux du nord, le saumon et la truite saumonée donnent aussi dans les fleuves la Koura et le Térek un produit de 40 à 60,000 pouds. La *Bélo-rybitza*, connue aussi sous le nom de saumon blanc ou de Sibérie (Coregonus leucichtis Pal), est prise principalement dans le Volga, dans une quantité de plus de 30,000 pouds; la pêche en est aussi très abondante dans la Dvina du Nord et la Pétchora. Ce poisson coûteux ne fournit en total qu'un rendement de 100,000 pouds.

Les poissons représentant dans le commerce un revenu de près de 200,000 roubles sont compris dans la 4me catégorie. Parmi eux se font surtout remarquer deux espèces, dont l'une peuple exclusivement les eaux de la Russie du nord et l'autre celles de la Russie méridionale: *la navaga*, (Gadus Navaga, Koelr) et *la chémaya*, (aspius clupeoïdes, Pall). On prend la première dans les golfes de la mer Blanche: de Dvina, d'Onéga et de Mézène, ainsi que dans les embouchures de la Pétchora; mais comme ce poisson évite les endroits habités par la morue, on n'en trouve point ni le long de la côte Mourmane, ni dans la partie large de la mer Blanche, contigüe à l'Océan, ni même dans la baie Candalakhe, dont les eaux présentent le plus grande profondeur. Sur les lieux de la pêche, ce poisson est estimé moins que toutes les autres espèces grâce à son abondance et à la facilité de sa pêche. Par contre, il est fort estimé dans le reste de la Russie, de Pétersbourg jusqu'à Odessa et Astrakhan; mais il ne peut être transporté dans ces endroits qu'en hiver. La chémaya remonte au commencement de l'automne les fleuves qui se jettent dans les parties sud de la mer Caspienne et de celle d'Azow: la Koura, le Terek et le Kouban, où on en prend jusqu'à 2,500,000 pièces, mises en vente au prix moyen de 6 r. le mille. Les procédés de préparation qu'on lui fait subir, avant de l'expédier au loin, sont les mêmes que pour les harengs saurés, sur lesquels on lui donne la préférence en Russie.

Par opposition à la navaga, la chémaïa est le plus estimée sur les lieux mêmes de son produit, ainsi que le prouve son nom, qui est une corruption du mot persan *chah-mahé*, c'est-à-dire *poisson royal*. — A cette catégorie de poissons se rattache encore l'*esprat* (Clupea sprattus), de l'espèce des harengs, très-abondante dans la mer Baltique, surtout près de Réval, où elle subit la préparation spéciale d'une salaison aux épices, et est ensuite expédiée dans tous les endroits de la Russie. Les *maquereaux* (scomber scombrus L.), qui habitent la mer Noire, sont préparés pour la vente de la même manière que les harengs, seulement on n'enlève pas les intestins. Le *muge* (Mugil saliens, et auratus) est l'espèce la plus commune dans la mer Noire. Sa préparation est la même que pour les harengs saurés. Différentes espèces de *lavaret* (Coregonus) abondent dans les lacs et les fleuves de la Russie septentrionale. Ils sont salés, fumés et gelés, et transportés dans cet état à des distances considérables. Parmi les poissons de cette catégorie il en est un, qui ne manquera pas d'acquérir dans un avenir prochain une valeur commerciale égale à celle de la taranne d'Azow. Ce poisson appartient à l'espèce des cyprinoïdes et s'appelle la *vobla*. Dès le début du printemps il remonte le Volga en masses énormes, et fournit un produit de 600,000 pouds, au prix de moins d'un rouble le poud. Un article de commerce qui commence à acquérir de l'importance, est la *lamproie marinée* de la mer Caspienne. Une fabrique spécialement affectée à cette préparation, établie à Tsaritzine en 1871, expédiait déjà en 1873 pour Pétersbourg jusqu'à 700 tonnes, soit 1,200,000 pièces de lamproie marinée de qualité excellente, au prix de 12 à 14 roubles le mille. Il est impossible de passer sous silence la chasse aux phoques dans la mer Blanche et la mer Caspienne; les chasses de cette dernière donnent annuellement près de 100,000 pouds, représentant une valeur de 150,000 r. Outre cela, la graisse extraite des phoques figure en quantité de 100,000 pouds pour une somme de 350,000 roubles.

*Engins de pêche*. Le caractère éminemment fluvial des méthodes de la pêche en Russie est expliqué par la prédominance de la faune d'eau douce; car ce sont en effet les poissons fluviaux et lacustres qui forment la base de l'industrie de la pêche russe. Les principaux engins sont: la senne et les palangres à haims; c'est avec ces deux appareils qu'on prend près des neuf dixièmes de toute la masse des poissons capturés.

Il est inutile de parler ici de la pêche à la senne, car sauf quelques modifications de peu d'importance, imposées par des conditions locales, cette méthode est en tout semblable à la pratique des pêcheries de tous les autres pays. Quant à la pêche aux palangres, elle mérite une description détaillée, par les particularités qu'elle offre; car, autant que l'on sait, elle n'est pratiquée nulle autre part que dans la mer Caspienne et celle d'Azow. Cet engin est composé d'une corde longue de 50 sagènes à peu près, à laquelle on attache d'autres cordes, moins grosses, espacées l'une de l'autre de 6 verchoks; les cordes pendantes sont munies de haims en fil de fer et barbelés. La grosseur de ces hamecons, fort aigus, diffère selon l'espèce du poisson que l'on veut prendre. Ces palangres se posent dans les fleuves, comme dans la mer, par lignes ou traînées longues de plusieurs verstes, à peu de profondeur, de manière à faire toucher le fond aux haims. Cet appareil ressemble à celui à l'aide duquel les Norvégiens prennent la morue le long du littoral de la Laponie et dans les eaux de la Terre-Neuve, avec cette différence essentielle, cependant, que les hameçons destinés aux morues sont tous amorcés, tandis que les haims des palangres ne le sont guère; et le poisson est capturé en s'accrochant aux haims par telle ou telle partie de son corps et en se les enfonçant de plus en plus dans les efforts qu'il fait pour s'en dégager. Il est clair d'ailleurs que cette pêche ne s'applique qu'aux poissons sans écailles ou à écailles fort molles, et est principalement destinée pour le poisson rouge, dont il fait son butin depuis l'énorme bélouga jusqu'au petit sterlet.

### Préparation et conservation des produits de la pêche.

Les produits de la pêche entrent dans le commerce en trois états principaux: gelés, salés, et salés et essorés à la fois. Le procédé de préparation le plus avantageux est sans doute le premier, car il ne coûte rien. Le poisson gelé conserve presque toutes les qualités du poisson frais, ne perd rien de son poids et est par conséquent estimé à un prix plus élevé. Il en résulte que, bien que les pêches d'hiver le cèdent partout considérablement en quantité à celles d'été, — le prix du poisson gelé égale presque, dans certaines localités, celui du poisson salé.

Les petites pêcheries salent le poisson dans des tonneaux ou dans des caisses de grandeur moyenne qui sont placées dans les hangars; mais dans les grandes pêcheries connues sous le nom de *vataga*, et établies sur les rives du delta du Volga, et sur les côtes maritimes contiguës, on construit à cet effet des *caves froides* dans des dimensions grandioses, puisqu'elles mesurent cent sagènes de longueur et même plus. La quantité de sel employé pour la salaison du poisson est évaluée environ à 5 millions de pouds. Dans la Russie méridionale on expose le poisson salé destiné pendant l'été à un transport lointain au dessèchement; sur le Volga on soumet au même procédé le sandat, la brême et la carpe des pêches printanières et estivales. Quant aux poissons des pêches faites au commencement de l'automne, ils ne sont jamais séchés, car le temps frais permet de les conserver à l'état salé; les silures ne sont jamais séchés.

Pour sécher les poissons, on les retire des caves où on les faisait saler, on les lave, et, après les avoir liés deux à deux par les queues, on les suspend sur des perches; ou bien, après leur avoir fendu le ventre (avant la salaison encore) on les étale en couches sur une litière de joncs.

Outre ces deux procédés principaux de conservation du poisson, on le fume encore, on le marine, on le sèche à l'étuve sans salage préalable, et on l'essore.

A la dessiccation à l'étuve sans salage sont soumis seulement les éperlans ; à la dessiccation à l'air libre la morue des pêches printanières, pendant que l'air est encore froid. La lamproie est le seul poisson qu'on marine dans une quantité assez grande pour être livrée au commerce.

On fume près de dix millions de petits harengs de la pêche d'automne, ainsi que deux espèces de muges (*Mugil saliens* et *Mugil auratus*) qu'on prend principalement le long du littoral de la Crimée dans la mer Noire ; et surtout la chémaya, fumée dans une quantité de deux millions de pièces. Outre cela, un nombre considérable de poissons rouges et de saumons de Sibérie est conservé en *balyks*, préparation spéciale qui donne au poisson un goût exquis et tout à fait particulier.

Cette préparation se fait exclusivement au printemps, avant les approches des chaleurs, car plus tard le poisson demanderait une salaison trop forte. Les meilleurs balyks sont ceux du mois de mars. Dans la mer d'Azow, ainsi que dans la partie septentrionale de la mer Caspienne, on emploie l'esturgeon et la bélouga (acipenser kuso) pour la confection des balyks ; sur la Koura et dans les provinces transcaucasiennes, on en fait de la sevriouga (acipenser stellatus), mais il est de qualité inférieure et connue sous le nom de *djirim*.

Pour faire un bon balyk, on choisit les poissons les plus gras, dont on ne conserve que le dos, après en avoir retranché la tête, la queue, les flancs et le ventre. Les dos sont couchés dans des cuves, st saupoudrés de sel en quantité suffisante pour les garantir du frottement contre les parois de la cuve, et les préserver du contact les uns des autres : ils se gâteraient tous par manque de cette précaution. Ils restent dans le sel de 9 à 12 jours, — en été jusqu'à 15 jours. On mélange le sel de salpêtre dans la proportion de deux livres sur 50 pouds de balyk, ce qui lui donne une teinte rougeâtre ; les meilleures sortes de balyk sont assaisonnées de poivre commun et anglais, de clous de girofle et de feuilles de laurier. Lorsqu'ils sont assez salés, on les retire des cuves pour les soumettre à une macération qui dure jusqu'à deux jours, après quoi on les fait mûrir à l'air pendant 4 ou 6 semaines. Une légère moisissure dont ils se couvrent à l'expiration de ce terme est la preuve de leur maturité. Un bon balyk est payé à 18 roubles le poud sur le lieu de la production ; vendu en détail, il coûte 1 rouble et au delà la livre.

Les espèces d'esturgeon donnent encore, outre la chair qu'on sale ou qu'on prépare en balyk, le caviar, l'ichthyocolle et la *véziga*, tous produits propres presqu'exclusifs à la Russie.

Il y a deux sortes de caviar : le caviar liquide ou à grains, et le caviar solide ou pressé ; le premier est toujours plus cher que le second, et se vend en détail à Moscou et à Pétersbourg au prix de 1 r. à 2 r. 50 c. la livre, selon les pêches ; le caviar solide est rarement payé plus cher que 1 r. 50 c. la livre, — le prix de vente sur les lieux de sa production étant de 24 à 30 r. le poud. Le bassin de la mer Caspienne fournit un total de 140,000 pouds de caviar d'esturgeon ; la meilleure espèce est celle d'Astrakhan, — la plus estimée celle de la bélouga. Depuis une vingtaine d'années on prépare en caviar les œufs de sandats, de brêmes et de tarannes, dans une quantité de plus de 300,000 pouds ; la première espèce est expédiée exclusivement pour la Grèce, la Turquie ; les autres espèces se répandent dans la Russie, servant à la consommation des classes pauvres. La vessie natatoire des esturgeons sert à l'extraction de la colle de poisson, qui représente un article de commerce assez considérable ; les mêmes espèces d'esturgeons fournissent aussi la *véziga*, qui est la corde dorsale des poissons cartilagineux. Un poud de véziga coûte de 15 à 20 r., et tout son produit ne figure que dans la quantité de 6 à 7 mille pouds.

Un des rendements latéraux les plus importants des poissons est la graisse ou l'huile, dont on extrait annuellement une quantité représentant la valeur de 500,000 roubles.

Cette graisse est employée soit comme substance médicinale, soit comme aliment, et sert aussi pour les divers usages techniques. L'huile médicinale est extraite exclusivement du foie de la morue, qu'on découpe tant qu'il est encore tout frais, et qu'on expose ensuite à l'action de la chaleur au bain-marie. Ce mode de préparation de l'huile de foie de morue n'est que de pratique récente, introduit sur toute la côte Mourmane grâce à l'initiative du Ministère des Domaines de l'Etat, qui en a favorisé le développement par des primes accordées aux industriels qui en avaient fait les premiers essais. — La graisse employée comme aliment est enlevée sur les intestins des esturgeons et des sandats ; on la lave, et toute fraîche encore on la fait fondre au bain-marie. Cette graisse sert presqu'exclusivement à l'amélioration du caviar, lorsque ce dernier n'est pas assez gras par lui-même ; sur les lieux de sa production on l'emploie comme succédané de l'huile végétale. — La graisse servant aux usages techniques dans les savonneries, les tanneries, les fabriques d'éclairage, etc., s'obtient généralement par la putréfaction, qui, décomposant les membranes, dont le gras des poissons est enveloppé, en facilite l'écoulement. Le produit de cette graisse accuse un chiffre de plus de 100,000 pouds. Récemment encore cette huile était extraite non-seulement de différentes parties du poisson, mais on faisait servir à cet usage des poissons entiers, surtout le hareng d'Astrakhan et quelques espèces menues des cyprinoïdes ; aujourd'hui le gouvernement a mis un terme à cet abus, et n'autorise que l'extraction de l'huile de hareng, car le passage de ce poisson en masses énormes se fait si rapidement, qu'il est impossible de saler toute la quantité de poisson pris, tant qu'il est encore frais; ce qui en reste donc, est employé à l'extraction de l'huile.

### Organisation des pêcheries et règlements relatifs à la pêche fluviale et maritime.

Les pêcheries russes peuvent être divisées en trois catégories, selon leur organisation économique. Les unes forment la propriété de l'Etat ou appartiennent aux grands possesseurs des eaux riveraines. La pêche et la préparation de ses divers produits se font ici, pour ainsi dire, à la manière des grandes fabriques, avec application de la division du travail. Des ouvriers habiles sont préposés à la préparation de chaque produit spécial; les uns surveillent le salage, les autres la préparation du caviar, d'autres encore celle de l'ichthyocolle, de la véziga, des balyks, etc. Il y a aux embouchures du Volga jusqu'à dix de ces fabriques; mais l'établissement le plus considérable de ce genre, non-seulement en Russie, mais probablement dans le monde entier, est le *Bojii-Promysl* (pêcherie de la Providence), située à 30 verstes en avant des embouchures de la Koura, et dont le produit annuel donne la somme de 500,000 roubles.

Une grande étendue des eaux de la mer Caspienne et de celle d'Azow y compris les embouchures de leurs grands affluents est en possession des corporations des cosaques du Don, du Kouban et de l'Oural. — Le reste de ces eaux enfin, d'étendue fort considérable aussi, ainsi que lès mers Blanche, Glaciale, Baltique et Noire et les lacs du nord de la Russie avec les rivières qui s'y jettent, sont livrés à l'exploitation des industriels moyens ou petits, qui exercent la pêche en détail.

Conformément au code de la pêche en vigueur en Russie, les bassins de toutes les pêcheries sont divisés en deux catégories, dont la première comprend les mers avec leurs côtes, et les lacs qui ne constituent pas de propriété privée. Dans ces eaux la pêche est libre et livrée à l'exploitation commune. Les propriétaires des terrains entourant ces bassins ne jouissent d'aucune prérogative dans l'exercice de la pêche, et sont tenus d'abandonner gratuitement sur tout le littoral de leur propriété une bande de terrain large d'au moins 10 sagènes, au profit des pêcheurs pour la construction de hangars destinés au séchage et à la conservation de leurs engins de pêche, d'abris provisoires, etc.

La seconde catégorie embrasse toutes les eaux fluviales, soit navigables et flottables, soit non navigables, ainsi que les étangs et les lacs qui se trouvent enclavés dans les propriétés privées. Les pêches de ces eaux appartiennent aux propriétaires riverains. Le reste des règlements relatifs aux pêcheries a trait à la protection de cette industrie et comprend les mesures contre l'épuisement des pêches, contre l'emploi d'appareils nuisibles, tels que le barrage mort par exemple, et prohibant surtout la pêche pendant certaines périodes — celles du frai, etc.

# XI.

## PISCICULTURE.

Piscifacture de Nicolsky. — Ses opérations. — Choix de reproducteurs. — Fécondation artificielle des œufs. — Incubation des œufs. — Manières d'élever les nouvelles espèces de poissons. — Conditions favorables à la pisciculture dans les environs de Nicolsky. — Vente du frai fécondé. — Pisciculture en Finlande (*).

Malgré les richesses naturelles que la Russie possède en poissons, la pratique de la pisciculture a déjà pris une extension considérable dans notre Empire, et l'avenir lui réserve sans doute un développement de plus en plus grand.

De tous les établissements ichthyogéniques de la Russie, le premier rang appartient à la piscifacture de Nikolsky, située dans le village du même nom dans le district de Démiansk du gouvernement de Novgorod, et appartenant au Département de l'agriculture et de l'industrie rurale. Par son organisation technique ainsi que par ses vastes opérations, cet établissement ne le cède en rien aux piscifactures les plus renommées de l'Europe. Laissant de côté l'historique des procédés de multiplication artificielle des poissons, comme plus ou moins connue, nous allons décrire les opérations successives de cette industrie, telles qu'elles sont pratiquées dans la piscifacture de Nikolsky.

*Choix de reproducteurs.* Il est de la plus haute importance pour le succès de la fécondation artificielle de choisir des reproducteurs parvenus à une maturité complète, et de les employer, si c'est possible, au moment même du frai. Afin de pouvoir surveiller le développement progressif des reproducteurs, on a construit dans notre piscifacture un bassin spécial, de 4 ar-

(*) *Matériaux:* Données officielles du Département de l'agriculture. *Soudakévitch:* Aperçu de la pisciculture en Russie. St-Pétersbourg 1873.

chines (environ 3 mètres) de largeur sur 7 sagènes (presque 15 mètres) de longueur. Ce bassin, divisé en plusieurs compartiments pour les différentes espèces de poissons, est constamment alimenté par une fontaine qui entretient l'eau à la hauteur de 17 verchoks (0,726 mètre). Outre ce bassin, où l'on conserve les poissons jusqu'à l'époque du frai, l'établissement possède encore six étangs à eau courante, pour loger les reproducteurs. Notons ici ce fait digne d'attention, que l'établissement opère souvent sur des œufs extraits de sujets morts, et apportés de Pétersbourg. La réussite est presque toujours certaine. Le transport des femelles mortes est entouré de précautions suivantes: on applique un bandage sur l'orifice génital, on enveloppe le poisson de filasse de chanvre et on le couche dans la caisse sur le dos.

*Fécondation artificielle des œufs.* Lorsque le moment d'expulsion du frai est imminent, ce qui se reconnaît à quelques signes extérieurs (le ventre de la femelle est distendu, l'orifice anal fortement gonflé) on procède à la fécondation artificielle soit *à sec* (mode d'opération inventé par le fondateur de la piscifacture de Nikolsky, M. Vrassky), soit *à l'eau*. La différence entre ces deux procédés, dont le second est pratiqué dans tous les établissements ichthyogéniques de l'Europe, n'est pas grande, et cependant les résultats de l'opération à sec sont des plus brillants. Le procédé à l'eau est le suivant: on prend un vase quelconque à fond plat et égal, on y verse assez d'eau pour en couvrir le fond de 2 à 3 pouces. (La température de l'eau varie selon l'espèce de poisson.) Dans ce vase on fait écouler d'abord les œufs et immédiatement après la laite; on les mélange ensuite, soit avec la main, soit avec les barbes d'une plume. En un mot, le procédé à l'eau demande le mélange des œufs et de la laite dans un seul et même vase pourvu de l'eau. Pour procéder à sec, on se sert de deux vases sans eau, dans lesquels on exprime simultanément — dans l'un les œufs — dans l'autre la laitance, qu'on humecte d'un peu d'eau, un moment avant le mélange. Ce mode d'opérer laisse à peine 1 % d'œufs non fécondés, tandis qu'il s'en perd dans le procédé à l'eau, de 10 à 12 %. Si ce procédé ne trouve pas une application générale à l'étranger, c'est par suite d'une opinion fort contestable d'ailleurs, savoir, qu'il n'est praticable que pour les œufs de poissons d'hiver et d'automne qui demandent une température basse. Cependant, pour apprécier la valeur de ce mode, il suffit d'approfondir le procédé de la fécondation. On sait que l'œuf est composé d'une vésicule et d'une enveloppe mucilagineuse, réunies par un petit canal à orifice (micropyle) par lequel le spermatozoïde pénètre dans l'œuf. C'est à l'académicien Bær que revient l'honneur d'avoir, le premier, découvert le micropyle.

Aussitôt que les œufs mûrs sont imprégnés de laitance, la coque extérieure se gonfle par l'endosmose, et s'écarte de la vésicule intérieure; l'endosmose ne dure qu'une demi-heure, espace de temps pendant lequel un des spermatozoïdes doit nécessairement pénétrer par le micropyle dans l'intérieur de la vésicule; dans le cas contraire la fécondation est manquée. Il est clair que si l'on fait écouler les œufs dans l'eau, elle les fera gonfler avant l'imprégnation de la laitance, en gênant ainsi la fécondation. D'un autre côté, au contact de l'eau les spermatozoïdes commencent à se mouvoir rapidement, mais ces mouvements cessent au bout de $1^1/_2$ ou 2 minutes. Si au contraire la laite est éjaculée dans un vase sec, elle reste pendant plusieurs heures dans un état immobile, conservant la capacité de se mouvoir jusqu'au premier contact avec l'eau.

*Incubation des œufs.* Après la fécondation, la caisse contenant les œufs est placée sous un robinet, d'où s'échappe un mince filet d'eau qui écarte le surplus de la laite; ce lavage dure près d'une demi-heure. L'appareil à incubation est composé de 8 réservoirs-viviers ayant chacun 10 archines de longueur sur $1^1/_2$ archine de largeur et 6 verchoks de profondeur; les réservoirs sont en maçonnerie et constamment alimentés par une eau filtrée, recouvrant les œufs de $^1/_2$ verchok. Le réservoir est pavé de dalles en pierre et l'eau y est tellement limpide, que les moindres ordures du fond y sont visibles.

Les œufs restent ici jusqu'à leur éclosion, qui a lieu ordinairement au mois de mars. En général les œufs de la piscifacture de Nicolsky éclosent bien plus lentement que dans les établissements de l'étranger, ce qui tient à la température basse de l'eau ($+ ^1/_2°$ — 1° R.) Mais la lenteur de l'incubation présente cet avantage que les embryons des poissons se développent plus régulièrement, et qu'ils sortent de l'eau dans une saison où ils trouvent une nourriture toute prête dans les larves d'insectes.

Le saumon fraye ordinairement en novembre; donc, avec une température plus élevée (de 5° R.), telle qu'elle est donnée dans les établissements de l'étranger, l'alevin, qui a besoin de norriture animale, est déjà formé au mois de février; comme il est impossible de trouver des larves d'insectes à cette époque, il est nourri avec de la viande hachée, ce qui, outre la cherté, gâte l'eau et occasionne ainsi la mort du jeune poisson. Dans la piscifacture de Nicolsky, le poisson, éclos au mois de mars, ne demande de nourriture extérieure que dans 3 ou 5 semaines, période pendant laquelle il absorbe la vésicule ombilicale, et trouve alors une nourriture abondante dans les larves d'insectes et dans les insectes vivants. Au mois de mai ses moyens d'alimentation s'augmentent de gardon (Cyprinus alburnus, etc.) nouvellement éclos; au mois de juillet les jeunes poissons sont disséminés dans les étangs, dont la piscifacture possède jusqu'à cinq, tous à eau courante. La croissance de l'alevin réclame toute l'attention de l'éleveur, car la moindre élévation de température entraîne la mort de la couvée. A mesure que l'eau perd de sa fraîcheur, le jeune poisson commence à manifester son malaise par des mouvements inquiets; il se presse en masse près de l'ouverture par laquelle l'eau afflue dans le bassin; sa respiration est visiblement accélérée, il ouvre la bouche, ses ouïes se distendent; enfin sa tête et sa queue pâlissent, et le poisson est mort. La fréquence de ces cas est en proportion directe avec l'élévation de la température, ce qui est facile à expliquer. Comme tous les liquides, l'eau absorbe les gaz, et entre autres l'oxygène, si nécessaire à la vie des poissons; cependant, plus l'eau est chaude, plus elle perd cette faculté d'absorption. Le poisson à son tour extrait l'oxygène de l'eau à l'aide de ses ouïes: et lorsque cet élément vient à manquer, les franges des ouïes se collent les unes aux autres, se décomposent et se couvrent de parasites. Les moyens, couronnés d'un plein succès, que la piscifacture de Nicolsky emploie pour parer à ce désastre, sont les suivants: 1° On place en travers de l'incubateur, à une hauteur considérable et espacés l'un de l'autre, des tuyaux en zinc, percés comme des cribles. L'eau qui afflue du filtre passe par ces tuyaux et arrive dans le bassin sous la forme d'une pluie fine. Tombant d'en haut, ces filets d'eau s'imbibent d'oxygène, et rejaillissant en pulvérin le transmettent à l'eau du réservoir. 2° Pour suppléer au déchet d'oxygène absorbé par la respiration de l'alevin, on emploie aussi la pompe à soufflet, dont l'application donne des résultats encore meilleurs que le premier procédé, car l'insufflation se faisant lentement, le contact de l'air avec l'eau s'opère sur une plus grande étendue et d'une manière plus intense. 3° Comme le déchet de l'oxygène dans l'eau provient non-seulement de la respiration de l'alevin, mais aussi d'une température plus élevée, on obvie à cette dernière cause en plaçant dans l'incubateur des vases remplis de glace.

Les grandes dimensions de l'établissement de Nicolsky lui permettent de procéder annuellement à la fécondation de 5 millions d'œufs de lavaret, jusqu'à 2 millions d'œufs de truite, et plus d'un million d'œufs de saumon.

Quant aux réservoirs et aux viviers, ils sont si vastes, que l'incubation et l'élevage de 600,000 poissons s'y fait sans aucun embarras; outre cela la piscifacture met annuellement en vente jusqu'à 1 million d'œufs arrivés à un degré de développement qui permet de distinguer les yeux à travers la membrane. Les femelles de la truite élevées dans cet établissement sont nubiles dans leur troisième année, et les mâles donnent leur laite quelquefois dans leur deuxième année. Les lavarets qui peuplent un grand lac, appartenant à l'établissement, frayent dans leur 5e ou 6e année, et atteignent une taille de 9 verchoks; les plus grandes truites élevées à Nicolsky ont été de 10 verchoks. Jusqu'en 1868 la piscifacture de Nicolsky, pour la construction de laquelle l'Etat a assigné une subvention de 30,000 roubles argent, était la propriété d'une association privée, qui opérait dans un but purement commercial, c'est-à dire, n'ayant en vue que le débit de ses élèves, principalement à Pétersbourg et à Moscou. Mais, devenue propriété de l'Etat, la piscifacture reçut une destination spéciale, et joue actuellement dans l'industrie poissonnière le même rôle que les fermes-modèles dans l'agriculture, ou, mieux encore, les jardins d'acclimatation dans l'horticulture.

Il y a trois manières d'élever les nouvelles espèces de poissons : 1° la dissémination de mâles et de femelles adultes, mode appliqué au repeuplement du lac Peypouss par les saumons et les truites saumonées; ce procédé ne souffre cependant que la dissémination d'un nombre restreint d'individus, et n'offre que peu de chances de réussite, vu que la rencontre des mâles et des femelles à temps dû et en lieu commode est rendue assez précaire par la grande étendue du bassin aquatique; 2° le transport du frai fécondé naturellement d'un réservoir dans un autre. Ce moyen est le plus usité, quoiqu'il ne puisse s'appliquer à toutes les espèces de poissons indifféremment, car il y en a qui frayent à une profondeur considérable, ou dans des lieux inaccessibles à l'homme; 3° le transport du frai fécondé artificiellement, — mode qui donne les meilleurs résultats.

La localité dans laquelle est situé l'établissement de Nicolsky offre, par l'abondance, la rapidité et la limpidité de ses eaux, les conditions les plus favorables à la pisciculture. Les environs de Nicolsky, comme en général les districts de Démiansk et de Valdaï, sont riches en lacs, rivières et autres cours d'eau; de plus, par sa situation sur le partage des eaux des bassins du Ladoga et du Volga, et communiquant par un système fluvial avec le lac d'Ilmène et le Volga, la piscifacture de Nicolsky réunit les conditions climatériques propres à ces deux bassins, et offre toutes les données nécessaires pour servir de station d'acclimatation destinée à préparer les poissons au transport d'un réservoir dans un autre. En conséquence, le but proposé à cet établissement est la propagation dans les eaux de la Russie de telles espèces de poissons, dont le manque y est sensible, et à l'acclimatation desquelles il ne se présente aucun obstacle; celles de plus qui, par leur valeur commerciale, peuvent servir au développement de l'industrie poissonnière.

A partir de 1870, la piscifacture de Nicolsky dissémine annuellement à cet effet plusieurs milliers de jeunes lavarets dans le Volga, où leur multiplication trouve des conditions très-favorables, à en juger d'après la quantité énorme de saumon blanc (bélorybitsa), qui est le poisson le plus grand de l'espèce des corégones. Le même but préside aux essais de multiplication artificielle des *sterlets* (Acipenser Ruthenus L.) et de leur acclimatation dans le bassin du Ladoga. La culture de cette espèce attirait depuis longtemps l'attention des savants et des éleveurs, en Russie comme à l'étranger. Les essais de fécondation artificielle de ce poisson de prix, tentés pour la première fois en Russie en 1869, ont donné des résultats brillants, et un an après, en été, le Ministère des Domaines de l'Etat expédiait pour l'Ecosse, à la demande du gouvernement britannique, plusieurs milliers d'œufs fécondés artificiellement. Le frai arriva dans un état parfait au lieu de sa destination, le voyage n'ayant en rien entravé le développement des embryons, et le premier essai d'acclimatation de cette espèce en Ecosse eut un succès complet. La propagation des espèces coûteuses de poissons est fort efficacement servie par le Musée d'économie rurale du Ministère des Domaines de l'Etat, dans lequel la multiplication artificielle est opérée par le docteur Knoch; les truites qu'il élève sont destinées à repeupler les eaux des environs de Pétersbourg, comme Gatchina, Ropcha, etc., autrefois célèbres par l'abondance de cette espèce; quant aux lavarets produits par ce piscifacteur, ils sont disséminés dans les lacs du gouvernement de Pskow.

Depuis l'année 1871 l'établissement de Nicolsky met en vente le frai fécondé et l'alevin des truites et des lavarets, âgés de 6 semaines à un an et demi, aux prix suivants:

| | | | | | | |
|---|---|---|---|---|---|---|
| 1000 | œufs de truite ou de lavarets parvenus au degré de développement qui permet de distinguer les yeux de l'embryon | | | | 3 | roubles. |
| 100 | pièces | de jeunes poissons | âgés de | 6 semaines | 3 | » |
| 100 | » | » | » | » 3 mois | 5 | » |
| 100 | » | » | » | » 6 » | 8 | » |
| 100 | » | » | » | » 1 an | 15 | » |
| 100 | truites | » | « | » 1 1/2 » | 25 | » |
| 100 | lavarets | » | » | » — » | 20 | » |
| 100 | truites | » | » | » 2 ans | 30 | » |
| 100 | lavarets | » | » | » — » | 25 | » |
| 100 | truites | » | » | » 2 1/2 » | 45 | » |
| 100 | » | » | » | » 3 1/2 » | 55 | » |

La vente du frai fécondé se fait à partir du 1er (13) janvier jusqu'au 15 (27) mars; la vente de l'alevin — du 1er (13) mars jusqu'au 1er (13) juin; quant aux jeunes poissons, ils sont vendus pendant toute l'année. Pour le transport du frai on emploie des caisses en bois de la forme d'un seau à couvercle percé de trous, pour faire affluer l'air; les œufs y sont étalés en couches minces et stratifiés de mousse humide ou enveloppés de linge mouillé. Ainsi emballés, les œufs supportent des voyages de long cours, et ne demandent à leur arrivée aucun soin particulier sauf le lavage et l'éloignement des œufs avariés. Un fait remarquable a été constaté: une caisse d'œufs emballés de la sorte fut expédiée un jour pour l'Académie d'agriculture de Petrovsk (à Moscou) par un froid de 25°; ils arrivèrent en état de congélation, mais soumis au dégel dans l'eau froide, ils n'éprouvèrent aucune détérioration, à preuve que sur 2,000 œufs expédiés il n'y en eut que dix dont l'éclosion était manquée. L'expédition des poissons se règle d'après l'âge des individus: plus ils sont jeunes, plus le transport en est facile. Ils sont généralement expédiés dans des vases en bois ou en verre, remplis d'eau, qu'on a soin de renouveler en route aussi souvent que possible. Pour le transport des poissons par voie d'eau, on fait usage de bateaux à fond double. — Outre la piscifacture de Nicolsky il faut encore faire mention d'un établissement ichthyogénique appartenant à l'Etat dans le gouvernement de Souvalki; cet établissement, situé sur la rivière de Ganeza, qui traverse, près de la ville de Souvalki, le lac de Vichéra et va se jeter dans le canal d'Augustow, commença ses opérations en 1860, principalement sur les truites, les saumons et une espèce particulière de lavarets, extrêmement rare et ne vivant que dans les eaux susmentionnées: la *séya* (coregonus maraena) et la *sсliava* (coregonus albula). Les opérations de cet établissement eurent une influence très favorable sur le développement de l'industrie poissonnière; ainsi les pêcheries du lac de Vichéra, dont les produits en 1860 ne figuraient que pour 120 r., en donnent actuellement plus de 700 r.; quant au revenu des lacs d'Augustow, il s'est élevé de 1,600 r. jusqu'à 3,300 roubles.

Des piscifactures appartenant aux particuliers, sont remarquables surtout celle du sénateur Zeumern, située à 36 verstes de Pétersbourg, et celle de M. Zakharow; toutes les deux font un commerce considérable de poissons de production artificielle, principalement de l'espèce des truites.

Mais c'est surtout en Finlande que la pisciculture a atteint son plus grand développement: on y trouve plus de dix établissements ichthyogéniques de grandes dimensions, qui cultivent surtout les espèces de prix, comme truite, saumon et lavaret. L'état de prospérité de cette branche d'industrie est dû surtout aux efforts de M. Holmberg, piscifacteur de renom, ex-inspecteur des pêcheries du ressort du Sénat de Finlande. C'est grâce à son initiative et à son concours que furent établies les piscifactures de Stockfors (gouvernement de Vybourg, sur la côte du golfe de Finlande, à l'embouchure de Cumène);

celle de Tammerfors, près de la chute d'eau du même nom; celle d'Aborfors, aussi à l'embouchure de Cumène; celle de Svarta (gouvernement de Newland) et autres. Tous ces établissements ont adopté le système de fécondation artificielle inventé par M. Vrassky. Quant à l'élevage de l'alevin et du jeune poisson, il faut remarquer que la plupart de ces piscifactures ne gardent l'alevin que jusqu'à la résorption de la vésicule ombilicale, après quoi on procède à la dissémination immédiate des jeunes poissons dans les cours d'eau et les lacs.

Il nous reste à mentionner, en dernier lieu, les établissements qui ne s'adonnent pas exclusivement à la culture des poissons d'hiver comme tous les précédents, mais qui élèvent les autres espèces, comme carpes, brochets, etc.

Ces établissements, dont le nombre est assez considérable, se rencontrent presque partout dans l'intérieur du pays.

En thèse générale, les conditions naturelles de la Finlande, pays montagneux, riche en cours d'eau et en lacs, offrent un concours de circonstances très-favorables pour le développement de la pisciculture.

# XII.

## SYLVICULTURE.

Etendue et répartition des forêts. — Essences de bois. — Economie forestière et aménagement des forêts. — Revenu des forêts de l'Etat. — Consommation de bois. — Commerce du bois. — Commerce extérieur du bois. (*)

---

Les forêts de la Russie d'Europe, de la Pologne et de la Finlande (**) occupent une étendue de 195,383,000 déciatines ou environ 40 % de la superficie totale. Nul autre Etat de l'Europe n'égale la Russie en richesses forestières: ceux qui en approchent le plus sont la Norvége, dont la superficie boisée est en rapport avec la superficie totale pour 39 %, et la Suède, qui offre une proportion de 35,4 %; la proportion existant dans les autres pays est:

| | | |
|---|---|---|
| en Autriche | de | 27,1 % |
| » Prusse | » | 21,9 » |
| » France | » | 16,2 » |
| » Italie | » | 15,2 » |
| » Grande-Bretagne | » | 7,6 » |

L'étendue totale des forêts de la Russie d'Europe occupe 1,875,677 verstes carrées, soit 38,753 milles carrés, c'est-à-dire qu'elle surpasse la superficie totale de la France, de l'Autriche, de l'Allemagne, de l'Angleterre et de l'Italie, prises ensemble. Si l'on compare l'étendue boisée avec le nombre

---

(*) Rapport de la commission d'enquête sur l'état actuel de l'agriculture en Russie, avec appendices. St-Pétersbourg, 1873. — Compte-rendu de l'Administration forestière du Ministère des Domaines de l'Etat. — Texte explicatif de l'atlas statistico-économique par M. Wilson. — Tableau du Commerce extérieur de la Russie, publié par le Département des Douanes.

(**) Nous manquons de renseignements sur la quantité des forêts du Caucase, de la Sibérie et de l'Asie centrale.

des habitants, il se trouvera que pour 100 habitants il y a en Russie 274 déciatines de forêts. Si ce rapport était le même pour toutes les parties de l'Empire, l'approvisionnement de la Russie en bois de chauffage et en bois de construction eût été non-seulement complètement assuré, mais il y aurait même un excédant de bois considérable; mais la répartition des forêts est malheureusement fort inégale dans notre Empire, de sorte que, pour se faire une idée claire de la culture forestière en Russie, il est indispensable d'en étudier la distribution par fractions plus ou moins grandes. Dans ce but nous allons diviser la Russie en 12 zones, suivant la situation géographique des différents gouvernements. Dans l'ordre de leur richesse en bois, ces gouvernements se classent comme suit:

| | Déciatines de bois. | Rapport à | | Nombre de déciatines de bois pour 100 habit. |
|---|---|---|---|---|
| | | Etendue totale des gouvernements. | Etendue totale des bois. | |
| Gouvernements du nord | 75,243,000 | 85 % | 38,4 % | 4,845 |
| » de l'est | 40,636,000 | 68 » | 20,8 » | 610 |
| La Finlande | 18,224,000 | 57 » | 9,3 » | 988 |
| Gouv. riverains du milieu du Volga | 12,217,000 | 48 » | 6,5 » | 190 |
| Provinces centrales | 10,820,000 | 30 » | 5,5 » | 92 |
| Gouvernements du nord-ouest | 10,400,000 | 55 » | 5,3 » | 359 |
| » de l'ouest | 9,480,000 | 34 » | 4,9 » | 157 |
| Gouvernem. des steppes et de l'Ukraïne | 6,419,000 | 12 » | 3,3 » | 43 |
| » du sud-ouest | 4,477,000 | 29 » | 2,3 » | 78 |
| Provinces Baltiques | 3,197,000 | 37 » | 1,6 » | 167 |
| La Pologne | 3,035,000 | 27 » | 1,5 » | 53 |
| Provinces méridionales | 1,217 000 | 2 » | 0,6 » | 20 |
| Total | 195,383,000 | 40 » | 100 » | 274 |

On voit, par ces données, que c'est aux gouvernements du nord, de l'est et à la Finlande qu'appartiennent plus des deux tiers de toute la contenance des forêts (68,5 %). Ces régions sont couvertes, pour ainsi dire, d'une forêt continue, qui s'éclaircit graduellement vers le sud, et forme dans les localités à population plus dense la proportion d'à peu près un tiers de la superficie totale. Dans les provinces de la Petite-Russie et celles des steppes qui se trouvent dans la même latitude, les bois n'occupent guère que $^1/_8$, et dans les provinces du midi, à peine $^1/_{50}$ de l'étendue totale des terrains.

La réunion de l'extrême abondance et de l'extrême pénurie de forêts dont ces chiffres font preuve, ne se rencontre dans aucun autre Etat considérable de l'Europe. On voit donc que la déduction d'un chiffre moyen ne saurait guère présenter une notion précise sur le degré de boisement de l'Empire. Il y a en Russie des forêts continues occupant une étendue de plusieurs dizaines de millions de déciatines, et un manque absolu de toute végétation forestière sur une étendue de terrain égale, par exemple, à celle de toute la France. En supposant que la proportion la plus avantageuse soit représentée par un chiffre dépassant 26 déciatines de bois pour une verste carrée de superficie totale, il se trouvera que 22 gouvernements sont au-dessous de cette proportion, et que 46 gouvernements la surpassent. La proportion inférieure est pour tous les gouvernements du sud et pour la plus grande partie de ceux du centre (*). Ce n'est pas seulement en comparant les différents gouvernements entre eux, qu'on est frappé des grandes inégalités présentées par la répartition des forêts, mais ces inégalités se retrouvent encore dans les différents districts d'un seul et même gouvernement. Même dans les gouvernements du nord, au milieu de masses forestières énormes, on trouve des districts presque entièrement déboisés, comme, par exemple, celui de Nolinsk, dans le gouvernement de Viatka, dont à peu près toute la superficie est convertie en terres arables ou en métairies; la même chose se répète pour les steppes qui composent les districts méridionaux du gouvernement de Riazan, dont les districts du nord sont couverts de forêts presque continues; et il serait facile d'énumérer beaucoup d'autres exemples.

Sous le rapport de la propriété, le sol forestier est réparti comme suit:

Les forêts de l'Etat occupent une étendue de plus de 121,000,000 déciatines. (**)

Les forêts concédées aux mines et usines . . . . 5,394,000 déciatines.
» » du domaine des apanages . . . . . . 5,484,500 »
» » appartenant aux villes, églises, monastères, aux différents établissements et aux particuliers . . . . . . . . . . . . 64,097,500 »

(*) Gouvernement de Riazan, 25,6 déciatines de bois sur une verste carrée ; d'Orel (24,4), de Varsovie (23,7), de Plotzk (22,3), de Kovno (21,9), de Kalisch (21,7), de Tchernigow (20,1), de Tambow (18,4), de Podolie (16), de Voronége (9,6), de Koursk (9,3), de Bessarabie (9), de Toula (8,9), de Poltava (7), de la Tauride (5,4), la province du Don (2,2), d'Ekatérinoslaw (1,4), de Kherson (1,4), d'Astrakhan (0,7).

(**) Dans ce chiffre se trouvent comprises près de 24,000,000 déciatines de terrains vagues ou improductifs, de sorte que l'étendue des forêts relevant de l'administration de la Couronne n'est à proprement parler que de 96,560,572 déciatines.

Les détenteurs particuliers jouissent du droit illimité de couper et d'aliéner leurs bois; de sorte que toutes les mesures décrétées par le gouvernement à l'effet de conserver les forêts, et d'assurer sous ce rapport l'avenir de la Russie, ne peuvent être appliquées qu'aux forêts soumises à l'administration forestière de l'Etat.

La distribution de ces forêts par groupes de gouvernements est assez inégale, ainsi que le montre le relevé suivant:

| | Etendue des forêts de l'Etat. | Proportion pour 100 de tout le sol forestier. | Proportion pour 100 de chaque groupe à l'étendue totale des forêts de l'Etat. |
|---|---|---|---|
| Gouvernements du nord . . . . . . . . . | 69,392,557 | 92,2 % | 57,7 % |
| de l'est . . . . . . . . . . | 21,705,250 | 53,4 » | 18,1 » |
| La Finlande. . . . . . . . . . . . . . . . | 9,678,000 | 53,1 » | 8,0 » |
| Gouvernements riverains du milieu du Volga | 5,605,560 | 45,8 » | 4,7 » |
| » du nord-ouest. . . . . . . | 3,200,422 | 30,7 » | 2,7 » |
| » de la Petite-Russie et des steppes. . . . . . . . . | 2,700,903 | 42,0 » | 2,3 » |
| » de l'ouest. . . . . . . . . | 2,668,902 | 28,1 » | 2,2 » |
| » du centre. . . . . . . . . . | 2,624,075 | 24,2 » | 2,1 » |
| » sud-ouest. . . . . . . . . | 1,060,573 | 24,3 » | 0,9 » |
| La Pologne . . . . . . . . . . . . . . . . | 659,315 | 21,6 » | 0,5 » |
| Provinces Baltiques . . . . . . . . . . . | 659,230 | 20,6 » | 0,5 » |
| » méridionales . . . . . . . | 376,620 | 30,8 » | 0,3 » |

On voit par ces chiffres que la principale masse des forêts de l'Etat se trouve dans les gouvernements du nord, de l'est et dans la Finlande; si nous y ajoutons les gouvernements riverains du milieu du Volga, nous aurons une proportion de 88$^1/_2$ % pour le total des forêts de l'Etat; le reste (11$^1/_2$ %) est réparti sur 49 gouvernements. Dans la totalité du sol forestier, 52,232,338 déciatines, forment la possession exclusive de l'Etat; 1,840,324 déciatines sont concédées à l'amirauté; 62,406,198 déciatines constituent un fonds forestier destiné à doter les paysans; et en dernier lieu plus de 4 millions de déciatines, dont une partie appartient en commun à l'Etat, à des particuliers et aux ex-paysans de l'Etat, une autre constitue des possessions contentieuses, une troisième enfin est assignée par lots à des paysans, en vertu de titres de possession. Toutes ces circonstances rabaissent considérablement la proportion des forêts de l'Etat dans les gouvernements médiocrement boisés. Considérant que ces gouvernements offrent en même temps une population des plus denses, ce qui entraîne à son tour un enchérissement du bois, on arrive à la conclusion que les progrès de la culture forestière dépendent de l'aménagement rationnel des forêts privées, plutôt que de celles de l'Etat, la masse principale des bois formant la propriété des particuliers.

*Essences de bois.* Sous ce rapport les forêts de la Russie d'Europe peuvent être divisées en deux parties principales: celle du nord et celle du midi. Dans la première prédominent les essences résineuses, dans la seconde, les espèces à feuilles. La limite approximative qui sépare ces deux végétations pourrait être tracée par une ligne partant d'Orenbourg droit à l'ouest, coupant par Samara, Penza et Tambow, formant ensuite une courbe brusque au nord au delà de Toula, au sud — au delà de Kharkow, et se dirigeant de là en travers, par Kiew et Jitomir, pour se perdre dans la Galicie.

Les masses énormes de forêts des gouvernements septentrionaux, d'Arkhangel, d'Olonetz, de Vologda, de Perm, de Viatka et de Kostroma, consistent principalement en plants de pins et d'épicéa ou sapins; outre cela on y trouve: *le cèdre de Sibérie* (Pinus cembra), dans la partie sud du district de Mézène (gouvernement d'Arkhangel), dans la partie est du gouvernement de Vologda et dans les districts nord des gouvernements de Perm et de Viatka; le *mélèze* (Larix europaea), dans les gouvernements d'Arkhangel, de Vologda, de Perm, de Viatka, de Kostroma et dans la partie septentrionale du gouvernement d'Oufa; dans ces mêmes endroits pousse aussi le *sapin blanc* (Abies pectinata). *Le pin* (Pinus sylvestris) fournit dans le gouvernement d'Arkhangel la moitié de la contenance totale des forêts; dans celui d'Olonetz cette espèce ne domine que dans les districts du nord et du nord-ouest, où elle forme des massifs compacts. *Le sapin* (Pinea vulgaris) tient le second rang dans les gouvernements de l'extrême nord. Les espèces prédominantes dans les gouvernements de Perm, de Viatka et de Kostroma sont: le sapin, le pin et le sapin blanc; mais ces résineux sont entremêlés ici d'espèces feuillues, comme: *le bouleau* (Betula alba), *le tremble* (Populus tremula), *l'aune* (Alnus glutinosa), *le sorbier* (Pyrus aucuparia), *le saule,* (Salix), et plus rarement *le tilleul* (Tilia), le *chêne d'hiver* (Quercus sessiliflora), *l'érable* (Acer platanoides), *l'orme* (Ulmus effusa). La Finlande présente à côté du pin et de l'épicéa des semis de bouleau, d'aune, de sorbier, de saule; le tilleul ne dépasse point le gouvernement de Vybourg; l'érable et le noyer (corylis avelana) croissent seulement sur le littoral sud de la Finlande. Quant au chêne et au frêne (Fraxinus excelsior), on n'en trouve que sur les îles d'Aland et sur le littoral de l'ouest.

La prédominance du pin et du sapin s'étend à l'ouest jusque dans les gouvernements de St-Pétersbourg, de Novgorod, et dans les provinces Baltiques; et à l'est elle trouve ses limites dans les gouvernements de Nijni-Novgorod et de Kazan, et encore n'est-ce que dans les parties nord qu'on en rencontre; à mesure qu'on approche du sud et que le sol accuse une fertilité croissante, les conifères sont de plus en plus mélangés avec l'aune et le peuplier (Populus alba), et finissent, dans les parties méridionales de ces gouvernements, par s'effacer devant les espèces à feuilles, comme: chêne, tilleul, orme, érable, peuplier. Dans les gouvernements du bassin baltique la supériorité numérique appartient également au pin et au sapin, la première essence choisissant de préférence les terrains élevés, secs, argilo-sablonneux, tandis que le second recherche les endroits plats et humides. Outre ces deux espèces on trouve ici, mélangés ou en massifs isolés, le bouleau, le tremble, le chêne, l'aune, le tilleul; et plus rarement le frêne, l'orme avec sa variété de *Ulmus campestris*, le charme (Carpinus betulis), le sorbier, l'érable, le saule. Quelques déviations au caractère prédominant de cette région se présentent surtout le long de ses confins sud-est, et servent de transition aux conditions de sol et de climat d'un ordre différent.

Les forêts des districts méridionaux du gouvernement de Mohilew se composent principalement d'essences à feuilles, parmi lesquelles, outre celles énumérées, se trouvent : le frêne, le pommier sauvage et le prunier *(Pyrus malus, pyrus communis)*. Dans le gouvernement de Grodno les conifères ne se montrent que rarement : le sapin ne pousse ici que dans les terrains plats, et encore est-il mélangé de charme, de tremble, de bouleau, de frêne, etc.

Dans la région centrale, la limite méridionale du sapin coïncide avec la limite nord du terreau noir (tchernozème), dans lequel le sapin ne végète presque pas. La domination du pin trouve son terme dans le gouvernement de Minsk, mais les forêts de la Pologne sont pour trois quarts composées de cette espèce; les essences feuillues les plus répandues sont ici : l'aune noir, le chêne et le bouleau. Le premier rang dans les végétations forestières des gouvernements du sud-ouest est tenu par le chêne d'été *(Quercus pedunculata)*, ensuite vient le charme, le tilleul et une variété de l'orme (*Ulmus campestris)*. Dans les provinces de la Nouvelle-Russie, le pin disparaît et le chêne forme d'épais massifs continus. Dans la Besssarabie et les districts méridionaux de la Podolie, on trouve outre cela le *hêtre* (*Fagus*), qui pénètre aussi dans les parties sud de la Pologne. Les essences répandues au midi sont, outre le chêne, l'orme *(Ulmus campestris)*, le *charme*, l'*érable de Tatarie* (*Acer tataricum)*, le *platane oriental* ou l'érable sycomore *(Acer pseudoplatanus)*, le *frêne*, le *nerprun* (*Rhamnus Frangula*), et le *saule blanc* (*Salix alba*). Dans la province du Don ainsi que dans les gouvernements de la région du terreau noir et ceux de l'Ukraïne, à côté du chêne prédominant on retrouve encore le pin ; dans le gouvernement de Kharkow il y a beaucoup de noyer (*Corylis*), dans celui de Koursk beaucoup d'aune noir. Le plus grand mélange d'essences à feuilles avec les espèces résineuses, représentées surtout par le pin, se trouve dans les provinces centrales et celles du Bas-Volga ; enfin, dans le gouvernement d'Astrakhan le *saule* (*Salix vetelina*) est répandu à l'exclusion de toutes les autres espèces. La flore sylvestre du Caucase et de la Sibérie n'a été jusqu'à présent que fort insuffisamment explorée.

*Économie forestière et aménagement des forêts.* Une exploitation régulière n'existe encore que pour les forêts relevant de l'Etat. Quant aux bois qui constituent la propriété privée, ils se trouvent, à l'exclusion de quelques vastes propriétés forestières, dans un état d'épuisement qui ne permet pas d'y introduire un système de coupes régulières. L'aménagement des forêts de l'Etat consiste dans l'introduction d'une révolution régulière de coupes ; dans une judicieuse exploitation de rendements ligneux, et en travaux relatifs à l'amélioration de la végétation forestière, comme: le reboisement, la régénération des bois, le dessèchement des endroits marécageux, le nettoyage, c'est-à-dire l'enlèvement des branches mortes et du bois chablis, etc.

Sur l'étendue totale des forêts de l'Etat, il y a 11,368,983 déciatines de bois déjà soumises à une culture régulière ; 7,602,572 déc. de forêts où les travaux relatifs à l'introduction d'un aménagement strict ne sont pas encore terminés, et 101,764,000 déc. de bois dont l'exploitation est encore à régler. Toutefois, plus de 1,200,000 déciatines de bois sont annuellement acquises à un mode d'exploitation rationnel. La régénération artificielle des forêts par plants et semis se pratique annuellement sur une étendue moyenne de 390 déciatines ; outre cela, le gouvernement décerne aux détenteurs des primes pour le repeuplement artificiel des forêts, dans le but d'encourager ces essais d'une activité aussi utile.

La masse totale des produits ligneux fournis par les forêts de l'Etat représente annuellement un chiffre au-dessus de 3 millions de sagènes cubes, ainsi que le montre le relevé suivant :

| | | | | | |
|---|---|---|---|---|---|
| en 1870 | le rendement | total | était de | 3,086,161 | sagènes cubes, |
| » 1871 | » | » | » | 3,101,972 | » |
| » 1872 | » | » | » | 3,197,498 | » |
| » 1873 | » | » | » | 3,184,504 | » |

L'assortiment des produits forestiers se répartit comme suit :

| | |
|---|---|
| le bois de chauffage donne en moyenne . . | 67,0 % |
| » construction . . . . . . . . . . | 15,0 » |
| les perches et les pieux . . . . . . . . . . | 3,2 » |
| » branchages, broussailles et ramilles . . | 6,2 » |
| le bois comme matière à travail . . . . . | 7,6 » |
| | 100,0 % |

En comparant le total des produits forestiers avec l'étendue totale des forêts, on verra que toutes les forêts de la Russie d'Europe, relevant de l'administration de l'Empire, donnent en moyenne annuelle un rendement dont la proportion à une déciatine de sol boisé est la suivante :

| | | | |
|---|---|---|---|
| Le groupe des gouvernements | du nord . . . . . | 3,32 | pieds cubes, |
| » » | » sud-ouest . . . | 12,36 | » |
| » » | » nord-ouest . . . | 19,79 | » |
| » » | riverains du milieu du Volga . . . . | 20,15 | » |
| » » | de l'ouest . . . . . | 28,14 | » |
| » » | » l'est . . . . . . | 30,65 | » |
| » » | du sud. . . . . . . | 37,27 | » |
| » » | » centre . . . . . | 62,39 | » |
| en Saxe la proportion est de | . . . . . . . . . . | 165 | pieds cubes par déciat., |
| » Bavière » » | . . . . . . . . . . | 131 | » |
| » Prusse » » | . . . . . . . . . . | 84,7 | » |
| » Russie » | en moyenne de . . . | 8,27 | » |

L'exploitation forestière a pris dans les dernières années un accroissement considérable, et s'étend actuellement sur un espace de 3½ millions de déciatines ; toutefois il reste encore de 40 à 84 % de sol forestier libre de toute exploitation, le besoin de consommation de produits ligneux étant trop faible pour leur assurer un débit lucratif.

*Revenu des forêts de l'Etat.* Le revenu brut total du sol forestier s'élève à 9,857,934 roubles.

| | |
|---|---|
| Dans ce nombre le bois de toute espèce donne . . . | 8,758,028 roubles. |
| Diverses redevances et divers produits forestiers . . . | 541,234 » |
| Divers revenus fortuits . . . . . . . . . . . . | 558,672 » |
| Total | 9,857,934 roubles. |

Ainsi, une déciatine du total de la superficie forestière donne un revenu brut de 8,2 copecs. Mais si du chiffre total du sol boisé on exclut tous les terrains improductifs et vagues, il se trouvera que le revenu net s'élève jusqu'à 10,3 copecs. La somme des frais d'administration des forêts de l'Etat est évaluée annuellement à 4,803,808 r., soit 49,3 % du total du revenu brut. Le produit net représente par conséquent une valeur de 4,994,125 r. Réparti par groupes de gouvernements, le produit net fourni par les forêts varie dans les limites de 1,6 copecs par déciatine dans les gouvernements du nord, à 75,1 cop. dans les provinces centrales.

*Consommation du bois.* Il est difficile de déterminer avec précision la somme totale du bois consommé annuellement en Russie; cependant un calcul approximatif du matériel ligneux consommé pour tous les emplois, soit comme combustible, soit pour les bâtisses, soit pour les constructions navales, etc., suppose une coupe annuelle faite sur une étendue de 1,200,000 déciatines de sol forestier, aux plants plus ou moins épais et mûrs.

*Commerce du bois.* Le commerce en bois a une grande importance en Russie, d'abord en raison des conditions atmosphériques, qui motivent une grande consommation de combustible, et ensuite à cause de la faible production de tout autre matériel de construction; cette importance s'augmente encore d'une exportation de bois toujours croissante que notre empire fait à l'étranger.

Nos richesses forestières remplissent toute la région du nord-est de la Russie, la plus grande partie du nord et une zone considérable du nord-ouest. Quant à la Russie méridionale comprise entre le Dnièstre, l'Oka et l'Oural, elle ne présente que de vastes steppes tout à fait déboisées. Par conséquent le mouvement général de notre commerce en bois se produit dans la direction du nord au sud, et pour l'exportation étrangère — de l'est à l'ouest, ou au nord-ouest. Les principales voies que suit ce mouvement sont fournies par les fleuves; quant aux chemins ferrés, leur rôle n'est que médiocrement auxiliaire, et leur influence sur le commerce du bois se borne souvent à l'énorme consommation qu'ils en font eux-mêmes.

Dans les gouvernements du *bassin de la mer Blanche*, celui d'Arkhangel et de Vologda, où le flottage du bois dans la direction sud n'est pas praticable et où une population très clairsemée ne saurait lui assurer un grand débit, le commerce fait du bois l'objet exclusif de l'exportation étrangère.

Arkhangel reçoit annuellement par flottage, une masse de différents produits forestiers représentant une valeur de 1,000,000 r., dont la moitié est fournie par le bois proprement dit, et le reste par la résine, élaborée principalement dans les districts de Volsk et Solvytchégodsk (gouvernement de Vologda), et dans ceux de Chenkoursk et de Kholmogory (gouvernement d'Arkhangel). Un commerce de bois de dimensions assez considérables se produit à Onéga. Outre cela, on fait dans le gouvernement de Vologda des coupes considérables de bois pour la construction d'embarcations, destinées au transport de blé et autres marchandises dans le port d'Arkhangel. Dans le nord, c'est encore Pétchora et la région du Pomorié qui expédient le bois à l'étranger, mais surtout Kola, qui entretient de longue date un commerce avec la Norvége, très important pour une région aussi modiquement peuplée, mais tout à fait insignifiante par rapport au commerce général de la Russie.

Les gouvernements du *bassin de Finlande*, tels que celui d'Olonets, de St-Pétersbourg, de Novgorod, de Pskow et l'Esthonie, ont leur débouché central à St-Pétersbourg, qui décharge annuellement jusqu'à 50,000,000 de produits forestiers, dont une partie est expédiée à l'étranger pour la valeur de 2½ millions. La Russie *occidentale* se sert des fleuves de la Duna, le Vindau, le Niémen et la Vistule pour l'écoulement de son bois à l'étranger; et du Dnièpre, de ses affluents et du Dniestre pour le diriger vers le sud.

Le flottage du bois dirigé par la Duna sur Riga, et dont la quantité prend tous les ans un accroissement fort rapide, est principalement alimenté, outre les localités les plus proches, par les gouvernements de Vitebsk et de Mohilew, surtout par le premier, puisque le second est obligé de transporter ses cargaisons jusqu'à la Duna, soit par voie de terre en hiver, soit par quelque autre voie fluviale, très-peu commode. Sur le Niémen, outre le gouvernement de Minsk, ce sont encore ceux de Vilna, de Kovno et une partie de celui de Grodno qui expédient leur bois par flottage.

Le flottage sur la Vistule embrasse le rayon des provinces occidentales et de celles de la Pologne, et se compose d'essences les plus coûteuses, destinées pour Dantzig. La part la plus active dans cette opération appartient aux gouvernements de Minsk et de Volhynie, qui lancent leurs trains de bois par le Pripet et le canal du Boug; quant à la qualité du bois, le premier rang sous ce rapport est occupé par le gouvernement de Grodno.

L'approvisionnement en bois du *sud-ouest* de la Russie est servi par les mêmes provinces, situées le long du Dnièpre, ainsi que par une partie du gouvernement de Tchernigow et les localités de la Bessarabie et de la Podolie baignées par le Haut-Dniestre. Les principaux marchés du commerce de bois sont, pour le midi: Kiew, Krémentchoug, Ekatérinoslaw (ou, plus précisément, la Lotzmanskaïa Kamenka), Kherson, Odessa et les Mayaki (sur le Dniestre). De ces points le bois est réparti par toute la région méridionale, qui manque essentiellement de forêts; une quantité minime en est expédiée à l'étranger.

Les gouvernements du *Haut-Volga et du bassin de la Kama* : ceux de Tver, de Yaroslaw, de Kostroma, de Nijni-Novgorod, de Kazan, de Viatka et de Perm, dont la consommation du matériel ligneux, très-vaste, à cause d'un grand nombre de fabriques, d'usines et d'une navigation fluviale considérable, est complètement assurée par les forêts locales, doivent encore subvenir à l'approvisionnement de Moscou, aux demandes de marchandise forestière pour la foire de Nijni-Novgorod, et aux besoins des gouvernements du Bas-Volga et du Bas-Don.

Des *gouvernements du centre* qui fournissent aussi le bois à Moscou, les plus importants sont : ceux de Kalouga, de Riazan et de Vladimir. Tous les gouvernements ci-dessus énumérés, outre l'approvisionnement de Moscou et de Toula, fournissent encore pour la foire de Nijni-Novgorod des produits forestiers dans une quantité de 6 millions de pouds, et en expédient par flottage en aval du Volga, principalement au gouvernement de Saratow (jusqu'à 10 millions de pouds), et à celui d'Astrakhan (jusqu'à $3^1/_2$ millions de pouds) ; le premier en fait passer une partie sur le Don, et le second en trafique le long du littoral de la mer Caspienne. Le Don reçoit encore une partie du bois expédié par les gouvernements de Tambow, de Koursk, de Penza et de Voronége, presqu'exlusivement cependant sous la forme de menues confections comme : tonneaux, cuves, cercles de tonneaux, jantes, roues, charrettes, râteaux, rouets, etc., car pour le bois de construction, etc., ces gouvernements en possèdent à peine assez pour leurs propres besoins.

Dans le gouvernement de Kharkow le commerce du bois est concentré dans 1° le district de Starobielsk ; le fonds en est fourni par huit forêts appartenant à l'Etat, et le bois expédié par voie de terre aux haras de Biélovody, et 2° dans le district d'Izioum, dont le fonds forestier consiste en propriétés privées, qui expédient leur bois par le flottage sur le Donetz du nord jusqu'à Rostow, Slavianoserbsk, et la fonderie de Lougana. Les gouvernements de Poltava et d'Ekatérinoslaw s'approvisionnent en bois dans les ports du Dnièpre, en le payant à un prix très-élevé. La même cherté du bois existe dans la Tauride, dont les parties septentrionales et centrales sont tout à fait dégarnies de forêts, et la partie méridionale, quoique boisée, ne l'est cependant que sur les montagnes, ce qui rend l'abatage et le transport du bois souvent tout à fait impraticable. Ce manque de bois oblige les habitants de se contenter de tout autre combustible, comme kiziak, joncs et roseaux, paille, écales, cosses, etc. Le combustible minéral n'offre qu'un faible succédané, le développement de l'industrie houillère n'étant encore que tout récent.

*Commerce extérieur du bois.* Les produits ligneux appartiennent à la catégorie de ceux dont la demande va augmentant d'année en année. La plus grande partie de l'exportation se compose de matériel ligneux façonné en madriers de toute espèce (en mâts et perches, en traverses, bondons, etc.), dont le total moyen exporté annuellement en Europe, figure pour un chiffre de près de 12 millions de roubles. Ce chiffre tend cependant à s'élever progressivement d'année en année, de manière à donner son double pour la dernière période quinquennale. L'exportation se fait principalement par les ports de la mer Baltique.

Outre le bois, la Russie fait encore un commerce extérieur de produits de la technique forestière, dont les plus importants sont: la potasse, la poix, le goudron et les nattes. L'exportation de la potasse, presqu'exclusivement expédiée du port de St-Pétersbourg, donne un total moyen de plus de 500,000 pouds par an, équivalant à la somme de 1,204,782 r. La quantité de résine et de goudron exportés annuellement est de 128,000 tonneaux, ce qui, au prix de 5 r. par tonneau, fait en moyenne un total de 640,000 r. Ce produit est expédié du rayon septentrional par les ports de la mer Blanche. En dernier lieu, les nattes sortant des différents ports, dans une quantité de 1,778,000 pièces, figurent pour une valeur de 268,000 r. annuellement.

Ainsi la valeur totale des produits forestiers exportés en Europe dans ces dernières années représente par an:

| | | | |
|---|---|---|---|
| Matériel ligneux . . . | pour | 12,438,000 | roubles. |
| Potasse . . . . . . . . | » | 1,204,782 | » |
| Résine et goudron . . | » | 640,000 | » |
| Nattes . . . . . . . . | » | 2,680,000 | » |
| | Total | 14,550,782 | roubles. |

Outre cela la Russie exporte encore, par la frontière asiatique, du bois pour une somme annuelle de 51,380 r., ce qui, ajouté au chiffre précédent, donne un revenu de 14,602,162 roubles par an.

# XIII.

## INDUSTRIE RURALE.

Conditions de l'industrie rurale en Russie. — Régions principales de cette industrie. – Groupes principaux de cette industrie. – Industries textiles. — Industrie des ouvrages en métaux. – Ouvrages en bois. – Industrie des cuirs et pelleterie. – Poterie. (*)

---

Malgré le développement rapide de l'industrie des fabriques et des usines, l'industrie rurale existe en Russie dans de vastes dimensions, favorisée par plusieurs conditions, dont les principales relèvent du climat et du manque de capitaux. La longue durée de la saison d'hiver, qui entraîne le loisir forcé de l'agriculteur, et l'abondance de différents matériaux bruts dont le volume et le peu de valeur empêchent la circulation commerciale, poussent la population à s'adonner au façonnage de ces matériaux; d'un autre côté le manque de capitaux et de crédit met un obstacle à l'établissement des fabriques, et oblige les petits industriels à se contenter d'instruments et de procédés tout à fait simples. Il faut encore faire observer que l'industrie rurale constitue pour les habitants des campagnes un complément nécessaire à l'exploitation agricole, qui est loin de suffire à leurs besoins et à l'acquittement des redevances dont ils sont chargés. Il est clair, par conséquent, que cette industrie trouve son plus grand développement dans les gouvernements à sol pauvre, tels que ceux de Moscou, de Vladimir, de Yaroslaw, de Kostroma, de Nijni-Novgorod, de Vologda, de Toula, de Kalouga, de Tver et de Novgorod, et que, par contre, elle n'est pratiquée que dans des dimensions fort peu considérables dans les provinces agricoles par excellence, et qui jouissent d'un climat et d'un sol propices, comme les gouvernements de Kiew, de Volhynie, de Podolie, de Poltava, de Koursk, de Kharkow, de Simbirsk, de Samara, et autres.

---

(*) Annuaire Statistique du Comité central de statistique. – *Weschniakoff*. Aperçu de l'industrie domestique en Russie, 1873.

L'industrie rurale peut être divisée en groupes principaux suivants: *a*) les industries textiles ; *b*) l'industrie des ouvrages en métaux ; *c*) l'industrie des ouvrages en bois ; *d*) l'industrie des cuirs et la pelleterie ; *e*) la poterie.

I. Parmi les différentes formes de l'industrie textile l'industrie linière est la plus considérable et la plus ancienne en Russie. La quantité de toile tissée annuellement par la population rurale est si considérable, qu'elle suffit non-seulement aux besoins des producteurs, mais qu'il en est encore livré au commerce plus de 170 millions d'archines, pour une valeur de 14 millions de roubles. Quant à la valeur totale de toile fine et de toile commune de production domestique, elle s'élève à près de 55 millions de roubles. Le tissage et tous les travaux qui s'y rattachent se font à la main; récemment, cependant, on a commencé à introduire différents outils améliorés, comme brosses métalliques, voire même les métiers à la Jacquard. Le centre de l'industrie linière est présenté par les gouvernements de Yaroslaw et de Kostroma ; une grande renommée est surtout acquise au village de Vélikoé (gouvernement de Yaroslaw), où l'initiative d'un simple paysan fit fonder de petites fabriques, pour le compte desquelles on achète tout le fil des localités voisines et même à Toula. Toute la quantité de toile tissée à Vélikoé, donne le chiffre de cent mille pièces. La fabrication de linge de table et de toile damassée est surtout développée dans le gouvernement de Kostroma. Le tissage du lin est outre cela plus ou moins répandu dans les gouvernements de Vladimir, de Tver, de Kazan, de Viatka, d'Olonets, de Vologda, d'Arkhangel, dans les provinces Baltiques et les gouvernements riverains de la Vistule.

Quelques localités s'adonnent à la préparation spéciale de certains produits liniers, ainsi, par exemple, les endroits avoisinant les grands marchés de blés fabriquent de préférence des sacs à blé; dans le gouvernement de Tver on en prépare annuellement pour une somme de cent mille roubles. D'autres localités, comme les gouvernements de Vologda, d'Orel, de Nijni-Novgorod, d'Oufa, d'Orenbourg et de Kazan, sont renommées pour la fabrication de dentelles, dont les meilleures sont celles de Vologda. La confection de filets pour la pêche est répandue dans les gouvernements de Vologda, de Viatka, de Samara, de Saratow, et surtout de Nijni-Novgorod. Les toiles grossières de chanvre employées pour la voilure, pour les vêtements des paysans et pour les sacs, sont fabriquées par la population rurale partout où est répandue la culture du chanvre, comme, par exemple, dans la Petite-Russie, dans les gouvernements de Kalouga, de Kharkow, de Voronége et autres. La confection de cordes et de câbles forme aussi une occupation plus ou moins lucrative des habitants des campagnes.

L'industrie cotonnière (domestique) est exercée principalement dans les provinces centrales de la Russie. Elle occupe jusqu'à 350,000 ouvriers, tandis que le nombre d'ouvriers employés dans les fabriques n'excède pas cent mille hommes. La valeur totale des produits de l'industrie domestique cotonnière représente une somme de 70 millions de roubles. La préparation des draps grossiers, de tapis, de feutres, la confection de chaussures, de chapeaux, le tricotage de bas, de mitaines, de gants, etc., métiers qui se rattachent à l'industrie lainière et qui se concentrent principalement dans les gouvernements de Kostroma, de Moscou, d'Orenbourg, de Saratow, de Nijni-Novgorod et autres, donne un revenu total de 15 millions de roubles. Une branche de l'industrie textile, la fabrication d'objets en crin, est surtout répandue dans le district de Chouïa du gouvernement de Vladimir, où une population de 40 villages, au nombre de 3,000 hommes, confectionne annuellement jusqu'à 500,000 tamis en crin, pour une somme de 250,000 roubles.

II. Après l'industrie textile, l'industrie métallique est, sans contredit, la plus importante en Russie. Elle est répandue dans tout l'Empire, mais ses centres principaux sont présentés par les gouvernements de Nijni-Novgorod, de Vladimir, de Toula, de Yaroslaw, de Kostroma, de Moscou, de Tver, de Novgorod, de Smolensk et de Vologda. Une branche de l'industrie des forgerons, notamment la fabrication des clous, est pratiquée sur une très-grande échelle dans les gouvernements de Novgorod, de Tver et de Yaroslaw, où elle occupe plus de 21,000 personnes. La quantité de fer forgé dans ces localités s'élève jusqu'à six cent mille pouds, représentant une valeur de plus de deux cent mille roubles ; quant à la valeur des clous forgés, elle figure pour un total de 1,500,000 roubles, au prix de 4 r. pour un poud de petits clous, 3 r. pour un poud de clous moyens et 2 r. 60 cop. pour un poud de gros clous. La clouterie a encore une grande extension dans le gouvernement de Nijni-Novgorod, où elle forme l'occupation presque exclusive des habitants de cinquante villages.

Les haches sont aussi confectionnées dans toutes les localités de la Russie, mais celles de Nijni-Novgorod, de Yaroslaw, de Tver, de Vladimir et de Moscou sont les plus renommées. La fabrication de faux, de serpes, de coutres, de herses et de différents accessoires métalliques des instruments aratoires, est surtout développée dans quelques localités des gouvernements de Viatka, d'Oufa, d'Orenbourg, de Yaroslaw, de Vladimir et de Nijni-Novgorod.

La coutellerie est principalement localisée dans le district de Gorbatow du gouvernement de Nijni-Novgorod, et dans celui de Mourom du gouvernement de Vladimir, qui confectionnent annuellement toutes sortes de couteaux, de limes, de ciseaux, de bêches, etc., pour une somme de plus d'un million de roubles. Chaque genre de produit de cette industrie est spécialisé dans certains villages. Ainsi, par exemple, les villages de Pavlovo, de Popovka, et autres, s'occupent exclusivement de la fabrication de couteaux de table ; le village de Vorsma de celle de canifs, ceux de Vatcha et d'Oziablikovka ne fabriquent que des couperets ; ceux de Toumbotina et Khrénovo, seulement des ciseaux.

Le village de Pavlovo (district de Gorbatow du gouvernement de Nijni-Novgorod) est célèbre pour ses serrures et ses cadenas. On en confectionne ici et dans les environs pour la somme de 360,000 r. par an. La même industrie est exercée sur une grande échelle au village de Lyskovo (district de Makariew, du gouvernement de Nijni-Novgorod), dans les gouvernements de Vologda, de Toula et autres. Les cassettes forgées en fer se fabriquent en quantité considérable à Lyskovo, et dans la ville d'Oustioug, qui en met en vente annuellement jusqu'à 40,000 pièces. La ville de Toula confectionne chaque année près de 15,000 accordéons. Le même village de Lyskovo fabrique annuellement des dés, des bagues et des boutons pour une valeur de 30,000 r. Les instruments physico-mathématiques se fabriquent à Volosovo, village du gouvernement de Moscou. Quelques localités de ce même gouvernement, ainsi que de celui de Nijni-Novgorod, préparent toutes sortes d'objets en fer-blanc. Toula est de longue date célèbre par la fabrication des samovars en cuivre, qui se répandent dans toute la Russie. Les petits objets en cuivre, comme clochettes, grelots, chandeliers, chaînettes, font la spécialité exclusive de deux villages du gouvernement de Kostroma, savoir de Pidorovo et de Krasnoé, qui en tirent un revenu annuel de près de 300,000 r. Ces objets sont colportés par toute la Russie par des marchands ambulants connus sous le nom d'*ofény*. Le village d'Istobensk, dans le district d'Orlow du gouvernement de Viatka, s'occupe de la fabrication des hameçons, dont il prépare jusqu'à 500,000 pièces de grosseur moyenne, et jusqu'à 250,000 pièces de grande dimension. A Zlatooust on fabrique de superbes lames d'épée; à Ijevsk (gouvernement de Viatka) plus de 200 armuriers sont occupés à préparer différentes parties détachées des fusils et autres armes à feu, dont le centre de fabrication est la ville de Toula.

III. Les ouvrages en bois se concentrent surtout dans les gouvernements richement boisés. De grandes quantités de cuillers en bois sont fabriquées dans les gouvernements de Nijni-Novgorod, de Kostroma et de Viatka; le nombre de cuillers mises annuellement en vente s'élève ici à 30 millions de pièces, représentant une valeur de plus de 258,000 r. On trouve toutes sortes de boissellerie fabriquée surtout dans les gouvernements de Novgorod, de Kostroma, de Vladimir, de Nijni-Novgorod, de Viatka et de Perm. Les tonneaux, cuves, seaux, baquets, auges, etc., et autre menue vaisselle en bois, sont confectionnés dans tous les gouvernements plus ou moins boisés. Cependant cette industrie atteint ses plus grandes dimensions dans le gouvernement d'Astrakhan, très-pauvre en bois, il est vrai, mais où la grande demande de ces objets est expliquée par le voisinage de vastes pêcheries. Ainsi par exemple, le nombre de tonneaux, barils et autres objets en boissellerie fabriqués à cet effet en 1872, à Astrakhan, était de 677,000 pièces pour une somme de de 1,667,750 r. La confection de coffres et différentes pièces de mobilier est répandue principalement dans les gouvernements de Perm, de Viatka, de Nijni-Novgorod, de Vladimir et en partie dans ceux de Moscou et de Tver. Différentes espèces d'équipages, depuis la charrette et le traîneau jusqu'à la *britchka* et autres sortes supérieures, sont fabriquées partout en Russie. On ne saurait passer sous silence une branche d'industrie qui s'occupe d'objets en écorce de tilleul; elle prospère surtout dans les gouvernements de Viatka, de Nijni-Novgorod, de Kazan, de Perm, de Simbirsk, de Tambow et de Penza, qui confectionnent annuellement jusqu'à 100 millions de paires de *lapti* (chaussure rustique). La poix et le goudron sont préparés surtout dans les gouvernements du nord qui abondent en forêts : le gouvernement d'Arkhangel vend annuellement jusqu'à cent mille tonneaux de poix, dont le prix sur les lieux de production est de 2 r. à 2 r. 50. c. pour un tonneau. Le district de Kadnikow du gouvernement de Viatka fournit à lui seul de la poix et du goudron pour la somme de 150,000 roubles.

IV. L'industrie des peaux, exercée par le travail domestique, consiste non-seulement à confectionner des objets d'un matériel déjà préparé, mais encore à façonner cette matière brute. Elle comprend donc le tannage des peaux de moutons et des cuirs, ainsi que la pelleterie, la confection des pelisses, touloupes (houppelandes en fourrure), celle des harnais, des bottes et des souliers, etc. La pelleterie est le genre d'industrie prédominant dans les gouvernements de Yaroslaw et de Nijni-Novgorod. La préparation des peaux de mouton et la pelleterie appartiennent à une branche de l'industrie domestique, qui, sous le rapport de la valeur des produits, le cède à peine à l'industrie des fabriques. On peut se faire une idée des dimensions de cette industrie par le fait seul qu'en 1869 les pelletiers de Chouïa achetèrent jusqu'à 500,000 peaux de moutons, qui, après avoir été préparées, acquirent une valeur de 2,500,000 roubles. La préparation de cuirs bruts est surtout répandue parmi la population rurale des gouvernements de Tver, de Vladimir, de Nijni-Novgorod, de Viatka, d'Orenbourg, d'Astrakhan et autres. En fait de cuirs préparés, la sorte la plus remarquable est le *roussi*, cuir de Russie, qui trouve un très-grand débit. Dans plusieurs gouvernements on trouve, à côté de l'industrie des cuirs, des fabriques de colle forte, établies par des paysans. Mais ce qui est surtout remarquable, ce sont les dimensions dans lesquelles se fait l'industrie de la chaussure. Le village de *Kimry*, dans le district de Kortchéva, du gouvernement de Tver, confectionne annuellement, à lui seul, des bottes, des souliers et des galoches pour une somme de plus d'un million de roubles. Les habitants du village de Bogorodsk confectionnent jusqu'à 700,000 paires de gants en cuir et en peau. En total ce produit de l'industrie domestique des cuirs peut être évalué à plus de 15 millions de roubles ; mais elle est loin d'avoir atteint son plein développement, car l'usage de la chaussure en cuir n'est encore que de date récente en Russie, parmi la population rurale.

V. La poterie constitue dans plusieurs localités la principale source de revenu pour les habitants des campagnes ; elle est surtout remarquable dans plusieurs districts des gouvernements de Nijni-Novgorod, de Yaroslaw et de Moscou.

Indépendamment des industries énumérées, il y a encore une foule de petits métiers domestiques, dont les plus remarquables sont : les articles en os des animaux marins dans le district de Kholmogory du gouvernement d'Arkhangel ; les jouets d'enfants dans le district de Dmitrow du gouvernement de Moscou ; la peinture des icônes ou images saintes dans le gouvernement de Vladimir, où l'on en peint pour près de $2^1/_2$ millions de roubles annuellement, etc., etc.

Pour ce qui est des métiers urbains proprement dits, la valeur totale de leurs produits s'élève à près de 50 millions de roubles.

# XIV.

## CRÉDIT FONCIER.

Etablissements de crédit foncier avant l'émancipation des serfs, et leur liquidation. — Etablissements de crédit foncier fondés nouvellement. — Principaux traits de ces établissements. — Banques de crédit mutuel et banques par actions. — Leurs opérations. — Associations de prêts et d'épargnes des paysans. — Leurs opérations. (*)

Le crédit foncier en Russie n'a commencé que récemment à se développer en prenant des dimensions considérables. A l'époque de l'émancipation des serfs, ce crédit n'existait presque pas, car c'est alors que les anciennes banques de l'Etat suspendirent leur action et liquidèrent. Les banques nouvelles n'ont commencé à être établies que plus tard, et nommément à partir de l'année 1864.

Les Banques de l'Etat qui existaient avant l'émancipation, et qui prêtaient principalement sur des terres habitées ou, pour parler plus exactement, sur des serfs, étaient les suivantes :

1° La Banque d'emprunt de l'Etat, organisée en 1786 par la suppression des banques primitives de la noblesse à Pétersbourg et Moscou (établies en 1754).

2° Les Banques de dépôt à Moscou et Pétersbourg, dont les revenus étaient assignés à l'entretien des hospices des enfants trouvés, recevant les dépôts et faisant les prêts les plus importants.

3° Dans les gouvernements, les Comités de charité publique.

Les deux premiers établissements prêtaient pour 28 ou 33 ans, les Comités de charité publique pour 28 ans ou à des termes rapprochés, — pour 1, 2, 3 ans, avec un atermoiement jusqu'à 8 ans inclusivement. La Banque

(*) Rapport de la commission d'enquête. — Annuaire du Ministère des finances. — Compte-rendu du comité des associations des banques rurales et des associations industrielles.

d'emprunt prenait aussi en hypothèque les terres inhabitées. Quelques-uns des comités prenaient en hypothèque les terres inhabitées et les vergers.

Ces établissements, prenant en hypothèque des propriétés habitées, donnaient comme prêt sur chaque *serf* mâle une somme déterminée par la loi, comme chiffre normal pour différents gouvernements; dans la plupart des gouvernements la proportion de ce chiffre normal était de 60 roubles par âme; dans les biens possédant une grande étendue de terre, elle montait à 70 roubles par âme, et dans quelques gouvernements elle était de 50 roubles.

Les intérêts des prêts étaient de 4 %, et on prenait encore pour l'amortissement de la dette 2 % si le prêt était de 28 ans, 1½ % s'il était de 33 ans, et 5 % de prêts à courte échéance, effectués par les comités. Les établissements de crédit, à l'exception de la Banque d'emprunt, faisaient encore payer, une fois pour toutes, comme prime, 1 % du prêt.

Il existait, en même temps, des établissements de crédit portant un caractère de caste. Tels étaient: La Société de Crédit de la noblesse en Livonie (1802), la Caisse de crédit de la noblesse en Esthonie (1802), la Banque des paysans à Œsel (1823), la Société de crédit en Courlande (1830), la Banque Alexandre, de la noblesse, à Nijni-Novgorod (1841).

Dans les années 1859 et 1860, le gouvernement procéda à la liquidation des anciens établissements de crédit, en suspendant les prêts et en réunissant dans un même compte les dettes du Trésor et des autres institutions de l'Etat, et dans un autre, les dettes des personnes privées et des sociétés.

Après l'émancipation des serfs, il fut permis de transférer les dettes, contractées par suite de prêts, sur les lots des paysans. Cette partie de la dette au profit de la Banque de l'Etat était en 1874, de 275 millions de roubles.

Les nouvelles banques foncières commencèrent à paraître, comme nous l'avons dit, en 1864. La première fut la Banque du Zemstvo du gouvernement de Kherson; plus tard, en 1866, fut fondée la Société du crédit foncier mutuel. Ces deux banques furent fondées sur le principe de mutualité. Ensuite, à partir de 1871, commencèrent à paraître dans différents gouvernements des banques d'actionnaires.

Des lois récemment promulguées décrétèrent quelques règles fondamentales tant pour les banques foncières avec caution solidaire des emprunteurs, que pour les banques par actions qui pourraient être établies désormais selon ces règles. Les opérations des prêts à long terme et des prêts à courte échéance, sur lettres de change et sur hypothèque de valeurs mobilières, ne peuvent être réunies dans un seul établissement. Dans un seul et même gouvernement ne doivent pas fonctionner plus de deux banques foncières, outre la Société du Crédit foncier mutuel. Les principales prescriptions de ces règles sont:

Comme *cautionnement donné en argent* aux établissements, chaque bien séparé garantit chaque prêt séparé; et de plus, tant dans les sociétés fondées sur le principe de mutualité que dans les sociétés fondées par actions, les capitaux de réserve et de cotisation peuvent encore servir de cautionnement. Enfin, dans les sociétés avec caution solidaire, tous les biens engagés répondent en proportion de leur dette envers la société, jusqu'au recouvrement. Dans la Société du crédit foncier mutuel, après la caution solidaire des emprunteurs, la responsabilité tombe sur le capital subsidiaire de 5 millions de roubles, dont le gouvernement a gratifié la Société.

Le *capital de réserve* est formé de la perception annuelle de $^1/_4$ %, payé par les emprunteurs, des restes de la prime de $^1/_2$ % payée lorsque le prêt a été effectué, et de la perception de $^1/_4$ p. c. pour les frais de l'administration. Dans la Société du crédit foncier mutuel, le capital de réserve est formé par les 10 % du bénéfice net annuel jusqu'à ce qu'il compose 20 % de tout le capital de cotisation de la Société. Dans les sociétés par actions, le capital de réserve est formé par la retenue annuelle de 5 % des bénéfices; cette déduction est suspendue lorsque le capital de réserve atteint les dimensions du capital de cotisation.

Le *capital de cotisation* dans la Société du crédit foncier mutuel est formé par les 5 % des prêts conclus, et ne doit pas être moindre que de la vingtième partie de la valeur nominale des billets de gage mis en circulation. Dans les banques par actions la dimension du capital de cotisation émis en actions, est fixée par les statuts mêmes et peut être augmentée par l'assemblée générale avec l'assentiment du Ministre des Finances.

L'*assurance* des bâtiments entrés dans l'évaluation est une condition expresse dans toutes les sociétés de crédit.

L'*évaluation* est opérée par la commission d'estimation sur les bases d'instructions particulières et d'indications générales dans les statuts, sous le contrôle et avec la confirmation de l'administration de la Société. D'après les statuts de la Société du crédit foncier mutuel, dans les localités où il existe des régions dépendantes de cette Société, l'évaluation est soumise, d'abord à l'assemblée de la région locale, pour passer ensuite dans la commission d'évaluation de la Société. Si la somme retirée par la vente du bien ne couvre pas le prêt, ceux qui ont fait l'évaluation primordiale répondent, tant en personne que par leurs biens, des négligences préméditées lors de l'évaluation.

Les *prêts* sont effectués sur hypothèque des portions de terrain qui n'ont pas moins de 100 dessiatines de terre cultivable dans une seule enceinte; les prêts ne sont pas au-dessous de 500 roubles, et ne dépassent pas de la moitié de la somme d'évaluation. Dans la Société du crédit foncier mutuel le prêt ne peut être au-dessous de 1,000 roubles et il constitue $^2/_5$ de l'évaluation.

Pour *transférer* aux banques les dettes envers les établissements de crédit de l'Etat, il est indispensable que l'administration de la Banque s'entende avec le Ministre des Finances.

Lors du *recouvrement* des dettes envers la Couronne ou envers les personnes privées, la dette aux établissements de crédit reçoit la préférence sur toutes les poursuites, tant de la Couronne que des personnes privées, à l'exception des dettes envers les établissements de crédit de l'Etat, des arrérages des redevances de l'Etat, des redevances territoriales, et des dépenses faites à l'occasion de la vente du bien. D'après les statuts de la Société du crédit foncier mutuel, le prêt à long terme passe à l'acheteur, et la préférence du recouvrement, donnée à la Société, se rapporte aux prêts à courte échéance.

Les prêts sont réalisés en *billets de gage* qui rapportent 5, 5 $^1/_2$ et 6 % d'intérêts. Les banques prennent sur elles la vente des billets de gage moyennant une commission qui ne s'élève pas au-dessus de $^1/_4$ %. Les billets de gage sont amortis par les payements des membres de la Société.

La somme des billets de gage *mis en circulation*, ne doit pas dépasser la somme des prêts à long terme effectués par la Société.

La *valeur du crédit* est établie sur les bases suivantes: Les banques de Kharkow, de Poltava et de Toula prélèvent 6 % d'intérêts, $^1/_2$ % pour l'amortissement des prêts effectués pour 43 ans et demi, et pas plus de $1^1/_2$ % pour former le capital de réserve, pour les dépenses de l'administration et le dividende des commissionnaires, et 1 % payé une fois pour toutes. La Société du crédit foncier mutuel prend 5 % d'intérêts, pas plus de 1 % pour les dépenses, $^5/_8$ % d'amortissement pendant 56 ans et 1 % payé une fois pour toutes afin de couvrir les dépenses de l'évaluation et de la préparation des billets de gage. La Banque foncière de Kherson prend $5^1/_2$ % d'intérêts, 1 % pour l'amortissement du prêt pendant 34 ans 11 mois, $^1/_4$ % pour composer le capital de réserve, $^1/_4$ % pour les dépenses de l'administration et $^1/_2$ % payé une fois pour toutes; de plus, elle prélève les dépenses de l'évaluation du bien et de la préparation des billets de gage.

Les *bénéfices* des banques de crédit foncier mutuel servent à former le capital de réserve; ou bien un certain pour cent est déduit pour former ce capital tandis que le reste est réparti par l'assemblée générale entre les emprunteurs; quelquefois même on en forme un fonds spécial. Dans les banques par actions 8 % des bénéfices, déduction faite des 5 % pour le capital de réserve, est attribué comme dividende aux actionnaires, et le reste est réparti comme suit: 65 % dans le dividende supplémentaire, 5 % aux employés de la banque, 5 % aux membres de la commission d'évaluation, 10 % aux membres de l'administration, 15 % aux fondateurs.

Pour les prêts à *courte échéance*, la Société du Crédit foncier mutuel ne prend pas moins de 6 % d'intérêts et pas plus qu'un pour cent au-dessus de ce que prend la Banque de l'Etat en escomptant les lettres de change. Les sociétés par actions publient le chiffre et les conditions de la restitution des prêts à courte échéance.

Pour le *contrôle et l'administration*, dans tous les établissements de crédit existent les institutions suivantes: l'assemblée générale, l'administration des sociétés ou des banques et la commission d'évaluation.

L'importance du crédit foncier, développé par les banques nouvellement inaugurées, est caractérisée par les données suivantes: Les prêts effectués par ces banques jusqu'en 1874:

Par les banques par actions:

| | de Kharkow. | de Poltava. | de Pétersb. et Toula. | de Kiew. | de Nijni-Novg. et Samara. | de Moscou. | de Vilna. | de Yaroslaw et Kostroma. | de Bessarabie et de la Tauride. | du Don. | En tout. |
|---|---|---|---|---|---|---|---|---|---|---|---|
| | Milles roubles. | | | | | | | | | | |
| Prêts pour le terme de | | | | | | | | | | | |
| 54 ans . . . . . . | — | — | 4,973 | — | — | 1,641 | — | — | — | — | 63,668 |
| 48 » 8 mois . . | 2,686 | — | | — | 217 | — | — | — | — | — | |
| 43 » 6 » . . | 20,376 | 7,348 | | 4,863 | 2,517 | 6,979 | 2,383 | 1,430 | 5,747 | 2,508 | |
| 27 » 6 » . . | — | — | — | 326 | — | 3,070 | 300 | — | 721 | — | 4,417 |
| 18 » 7 » . . | 3,687 | 2,463 | 6,548 | 586 | 1,379 | 692 | 333 | 486 | 8,032 | 340 | 24,546 |
| Prêts à brève échéance | — | 46 | 184 | 27 | 6 | 669 | 88 | 221 | 672 | 71 | 1,984 |
| Total . . | 26,749 | 9,857 | 11,705 | 5,802 | 4,119 | 13,051 | 3,104 | 2,137 | 15,172 | 2,919 | 94,615 |

Par les banques fondées sur le principe de mutualité (*).

| | La Banque du Zemstvo de Kherson. | Société du Crédit foncier mutuel. | La Banque de la noblesse de Nijni-Novgorod. | La Société de Crédit en Pologne. | La Société de la noblesse en Courlande. | La Société de la noblesse en Livonie. | TOTAL. |
|---|---|---|---|---|---|---|---|
| | Milles roubles. | | | | | | |
| Prêts sur hypothèque de terres . . | 30,295 | 71,662 | 1,735 | 60,177 | 14,315 | 28,577 | 206,761 |

(*) A l'exception de la Caisse du Crédit de la Noblesse en Esthonie et de la Banque rurale à Œsel.

Total des prêts 301,376,000.

Outre les banques foncières, on commence à voir se développer récemment de petites banques rurales pour les paysans, fondées sur le principe de la mutualité et posant les fondements du crédit agricole en Russie. Ces banques portent le nom d'associations et de caisses de prêts et d'épargnes. La première de ces banques fut inaugurée en 1866; ensuite, à partir de 1872, elles commencèrent à se développer rapidement. Vers le 1er octobre 1874 il existait dans la Russie d'Europe (sauf le royaume de Pologne et la Finlande) 327 banques pareilles, commençant déjà à fonctionner.

Pour l'installation de 175 associations de ce genre, des avances furent faites :

| | | |
|---|---|---|
| par le gouvernement . . . . | 25,000 | roubles |
| » le zemstvo . . . . . . | 137,505 | » |
| » les communes rurales . . | 4,975 | » |
| » la curatelle des paroisses . | 3,004 | » |
| » différentes personnes . . | 42,580 | » |
| En tout | 213,064 | roubles. |

231 associations de ce genre sur lesquelles il existe des données étaient ainsi constituées vers 1874 :

| | | |
|---|---|---|
| Nombre des membres . . . | 33,461 | |
| Valeur des actions . . . | 596,647 r. | 46 cop. |
| Fonds de réserve . . . . | 14,976 | 55 |
| Capital social . . . . . | 13,426 | 34 |
| Dépôts . . . . . . . . . | 428,664 | 95 |
| Emprunts . . . . . . . | 666,366 | 83 |
| Prêts effectués . . . . . | 1,504,939 | 50 |
| Les opérations de 231 associations étaient en 1873 de | 9,027,734 | 91 |

# XV.

## ENSEIGNEMENT AGRICOLE.

Etablissements agronomiques supérieurs. — Académie de Pétrovsk. — Institut agronomique. Institut de Novaïa-Alexandria. — Chaires d'agronomie aux universités. — Etablissements moyens, écoles d'agriculture. — Etablissements spéciaux de différentes branches d'agriculture. — Ecoles d'horticulture. — Ecole de fabrication de fromage et de beurre. — Ecole de sériciculture et une plantation de coton au Turkestan. — Ecole de vachers et de vachères. — Ecole d'apiculture. — Classes spéciales d'arpentage et de taxation, et l'école de métiers à l'Institut de Gorki. — Etablissements contribuant à la propagation des connaissances agricoles. — Musée. — Fermes. — Jardin Botanique. — Jardin de Nikitsky et l'établissement viticole de Magaratch. — Pépinières.

---

Les moyens de s'initier à l'étude des sciences agronomiques sont offerts par des établissements d'enseignement fondés dans diverses régions de la Russie par le gouvernement lui-même ou avec sa protection.

En Russie il y a des établissements d'enseignement agronomique supérieurs et moyens.

*Etablissements supérieurs.* 1° L'académie agronomique et forestière de Pétrovsk, instituée en 1865, près de Moscou. Son but est de donner aux jeunes gens une instruction supérieure dans toutes les branches de la science agronomique, ainsi que dans la sylviculture, et les élèves qui suivent les cours de l'académie peuvent subir un examen, soit dans la section générale d'agriculture, soit dans la section spéciale de sylviculture. Pour entrer à l'académie il est indispensable d'avoir terminé le cours d'enseignement des gymnases.

L'académie a le droit de conférer des diplômes jusqu'au grade de maître ès-sciences et de bachelier d'agriculture ou de sylviculture. Les personnes qui ont mérité ces diplômes, jouissent de tous les droits réservés à ceux qui les ont reçus aux universités.

Outre les étudiants de l'académie on y admet aussi des auditeurs. Les auditeurs de l'académie, ainsi que les personnes étrangères, peuvent être admis aux examens pour recevoir le degré de bachelier d'agriculture et de sylviculture, s'ils présentent auparavant un certificat de leur éducation, qui leur donne le droit d'entrer à l'académie. Le cours des études à l'académie dure quatre ans et embrasse le cycle entier des sciences naturelles et agronomiques indispensables à l'agriculteur.

Pour avoir le droit de suivre les cours à l'académie, chaque étudiant paie 20 roubles et chaque auditeur 75 roubles par demi-année. Le conseil de l'académie a le droit d'exempter de cette rétribution les étudiants pauvres. Les étudiants et les auditeurs demeurent dans des logements particuliers. Mais, afin d'aider les étudiants à trouver des logements commodes et à bon marché, on arrange pour eux, autant qu'il est possible, des locaux dans les bâtiments de l'établissement. Pour la jouissance des logements de la Couronne les étudiants paient un prix déterminé. Une table commune est entretenue à l'académie, sous la surveillance des autorités; les étudiants et les auditeurs peuvent recevoir leur nourriture à cette table moyennant une taxe modérée.

Afin de donner aux jeunes gens pauvres la possibilité de suivre les cours, l'académie a crée des bourses qui sont accordées aux étudiants les plus pauvres, et principalement à ceux qui ont déjà passé une année à l'établissement.

Parmi les ressources classiques qu'offre l'académie, il faut signaler un vaste laboratoire de chimie, un musée d'agriculture avec un petit laboratoire à part, destiné à faire des expériences, des cabinets de physique, de minéralogie, de technologie, de mécanique, de géodésie, de zoologie, d'anatomie, de zootechnie, de botanique, de sylviculture, et une bibliothèque. Enfin, comme ressources classiques que présente encore l'académie, citons: une vaste ferme, un champ d'expériences, des pépinières, des serres-chaudes et une forêt.

Le nombre des étudiants ayant subi leur examen à l'Académie est de:

| | 1868 | 1869 | 1870 | 1871 | 1872 | 1873 | 1874 |
|---|---|---|---|---|---|---|---|
| Pour le grade de candidat . . . . . | — | 2 | 9 | 12 | 9 | 5 | 13 |
| Sur des sujets spéciaux . . . . . . . | 10 | 23 | 64 | 30 | 95 | — | — |

2° *Institut Agronomique à Pétersbourg.* L'institut agronomique fut organisé en 1848 dans la ville de Gorki, gouvernement de Mohilew, en remplacement de l'école d'agriculture supérieure, qui y existait dès 1842. L'institut fut transféré à Pétersbourg en 1865.

L'institut agronomique, de même que l'académie de Pétrovsk, a pour but de donner aux jeunes gens une instruction supérieure dans l'agronomie et la sylviculture; c'est pourquoi il existe à l'institut deux sections: celle d'agronomie et celle de sylviculture. Les règles pour l'entrée à l'institut, la progression de l'enseignement et les droits de ceux qui ont terminé le cours, sont les mêmes qu'à l'académie de Pétrovsk. Les étudiants sont logés dans le bâtiment de l'institut, dans des appartements arrangés pour eux, moyennant un prix peu élevé. Pour les étudiants pauvres il y a à l'institut 25 bourses.

Le nombre des étudiants qui ont terminé le cours à l'institut, après qu'il fut transféré à Pétersbourg, est de:

| 1868 | 1869 | 1870 | 1871 | 1872 | 1873 | 1874 |
|---|---|---|---|---|---|---|
| 6 | 11 | 25 | 24 | 38 | 37 | 21 |

Outre ces établissements, on trouve aussi dans le royaume de Pologne, à Novaïa-Alexandria, un institut agricole qui est aussi compris dans le nombre des établissements supérieurs.

Enfin, dans le but de propager l'enseignement supérieur des sciences agronomiques, il y a dans chaque université de la Russie des chaires d'agriculture.

*Etablissements moyens. Ecoles d'Agriculture.* Les écoles d'agriculture, qui se trouvent sous la surveillance du département de l'agriculture et de l'industrie rurale, sont au nombre de six: les écoles de Gorki, de Kharkow, de Kazan, de Mariinskaïa, de Moscou et l'école d'agriculture et d'horticulture d'Oumane.

L'école de Gorki se trouve près de la ville de Gorki, gouvernement de Mohilew; elle a été fondée en 1848 par suite de la réorganisation de l'établissement agricole qui y existait dès l'an 1842.

L'école de Kharkow, près de la ville de Kharkow, a été fondée en 1854.

L'école de Kazan, près de la ville de Kazan.

L'école de Mariinskaïa dans le gouvernement de Saratow. Ces deux derniers établissements furent fondés en 1864.

L'école de Moscou a été fondée dans la ville de Moscou en 1822 par la Société impériale d'agriculture de Moscou; elle se trouve jusqu'aujourd'hui sous la surveillance de cette Société et reçoit annuellement pour son entretien une subvention du Gouvernement.

Enfin l'école d'agriculture et d'horticulture dans le gouvernement de Kiew fut organisée en 1868 en remplacement de l'école principale d'horticulture.

Toutes ces écoles ont pour but de former, tant sous le rapport de la théorie que sous celui de la pratique, des intendants de domaines à prix peu élevés, ou des surveillants, et l'école d'Oumane forme de plus des jardiniers instruits.

Tous ces établissements admettent des jeunes gens qui n'ont pas moins de 13 ans et pas plus de 17 ans, qui savent lire et écrire en russe et connaissent les quatre premières règles de l'arithmétique et les principales prières.

Le cours des études à l'école d'agriculture et d'horticulture d'Oumane dure 5 ans, et dans les écoles d'agriculture 5 ans et demi, dont 4 ans et demi sont destinés à l'instruction théorique avec des occupations pratiques indispensables, et la dernière année est exclusivement consacrée à la pratique dans des propriétés particulières ou bien dans les fermes attachées aux écoles d'agriculture. Le cours théorique embrasse, outre les objets d'étude générale, un certain cycle de sciences naturelles et agronomiques indispensables aux régisseurs d'un petit bien ou d'une ferme. Cependant on songe maintenant à élargir le cours de l'instruction générale dans les écoles d'agriculture, en le mettant au niveau du cours des écoles *réales*, afin de placer ainsi ces établissements en liaison avec les établissements d'instruction agronomique supérieurs.

Les élèves des écoles demeurent dans les établissements, et dans quelques-uns de ces derniers on admet des auditeurs. Les personnes étrangères peuvent aussi subir dans les écoles d'agriculture les examens de sortie et recevoir des certificats.

Le nombre des élèves qui ont terminé le cours dans les écoles d'agriculture dans les 10 années 1864-1873 s'établit ainsi qu'il suit:

| ÉCOLES. | 1864 | 1865 | 1866 | 1867 | 1868 | 1869 | 1870 | 1871 | 1872 | 1873 | TOTAL. |
|---|---|---|---|---|---|---|---|---|---|---|---|
| De Gorki . . . . . . . . | 27 | 20 | 13 | 13 | 14 | 7 | 15 | 13 | 12 | 11 | 145 |
| » Kharkow . . . . . . . | 8 | 12 | 17 | 10 | 9 | 6 | 7 | 7 | 12 | 12 | 100 |
| » Kazan . . . . . . . . | — | — | — | — | 4 | 3 | 8 | 3 | 8 | 6 | 32 |
| » Mariinsk . . . . . . | — | — | — | — | 5 | 7 | 11 | 8 | 7 | 11 | 49 |
| » Moscou . . . . . . . . | 19 | 24 | 19 | 21 | 29 | 27 | 39 | 31 | 24 | 28 | 261 |
| École d'agriculture et d'horticulture d'Oumane . . . . . . . . . | 4 | 3 | 3 | 6 | 13 | 10 | 9 | 4 | 7 | 18 | 77 |
| En tout . . | 58 | 59 | 52 | 50 | 74 | 60 | 89 | 66 | 70 | 86 | 664 |

Quant au sort ultérieur des élèves qui dans les dernières cinq années ont terminé le cours aux écoles d'agriculture, on a les renseignements suivants:

| ÉLÈVES | DES ÉCOLES | | | | | |
|---|---|---|---|---|---|---|
| | de Gorki. | de Khark. | de Kazan. | de Mariinsk. | de Mosc. | d'Oumane. |
| S'occupant de gestion de biens . . . . . . | 40 | 39 | 17 | 40 | 81 | 15 |
| S'occupant d'horticulture et de viticulture . . | — | — | — | — | — | 14 |
| Se trouvant au service de l'Etat . . . . . . | 3 | 1 | 1 | — | 3 | 2 |
| Se trouvant dans des établissements d'instruction supérieure . . . . . . . . . . . | — | 1 | — | — | 4 | 7 |

Le nombre des élèves qui se trouvent maintenant dans les écoles d'agriculture est de:

| | |
|---|---|
| dans l'école de Gorki . . . . . . | 200 |
| » » » Kharkow . . . . | 104 |
| » » » Kazan . . . . . | 71 |
| » » » Mariinsk. . . . . | 89 |
| » » » Moscou . . . . . | 166 |
| » » » Oumane. . . . . | 219 |

Les quatre écoles d'agriculture, nommément celles de Gorki, de Kharkow, de Kazan et de Mariinskaïa, ont chacune une ferme, dont le but est entre autres de servir d'instruction *classique* pour mettre les élèves au fait de l'agriculture pratique.

*Ecoles spéciales de différentes branches, d'agriculture. Ecoles d'horticulture.* Outre l'école d'agriculture et d'horticulture d'Oumane, laquelle sert entre autres, d'école supérieure d'horticulture, et dont le but est de former des jardiniers instruits, il se trouve encore sous la surveillance du Ministère des Domaines trois écoles destinées à former des jardiniers pratiques à bon marché. Ces écoles sont: les écoles d'horticulture de Penza et de Bessarabie et l'école d'horticulture et de viticulture de Nikitsky attachée au jardin impérial de Nikitsky, sur la côte méridionale de la Crimée. Ce dernier, outre l'élève de jardiniers, a encore pour but de former des œnologues. L'école de Penza, près de la ville de Penza, fut fondée en 1822; l'école de Bessarabie, à Kichinew, en 1842, et l'école de Nikitsky, sur la côte méridionale de la Crimée, près de Yalta, fut réorganisée en école d'horticulture en 1868.

Le cours des études dans les écoles de Penza et de Bessarabie dure six ans, et dans celle de Nikitsky huit ans, dont les deux derniers sont principalement consacrés à la pratique, dans des jardins et des vignobles particuliers. Les études d'horticulture dans toutes ces écoles, et de plus l'étude de viticulture dans celle de Nikitsky, ont principalement le caractère d'études pratiques.

Ces établissements admettent des jeunes gens qui n'ont pas moins de 13 ans, qui savent lire, écrire et compter et qui connaissent les principales prières.

Le nombre des élèves sortis de ces établissements dans les dix années 1864-1873 est de:

| ÉCOLES. | 1864 | 1865 | 1866 | 1867 | 1868 | 1869 | 1870 | 1871 | 1872 | 1873 | TOTAL. |
|---|---|---|---|---|---|---|---|---|---|---|---|
| De Penza . . . . . . . | 2 | 2 | 2 | 1 | 2 | 5 | 4 | 4 | 2 | 1 | 25 |
| » Bessarabie . . . . . | 3 | 2 | 1 | 5 | 5 | 2 | 1 | 1 | 3 | 3 | 26 |
| » Nikita . . . . . . . | 10 | — | — | — | — | 1 | 2 | — | — | 3 | 16 |

Au jardin impérial de Nikitsky ont été aussi instituées des classes spéciales pour le perfectionnement pratique et théorique, en horticulture et en viticulture, des jeunes gens qui ont terminé le cours à l'école d'agriculture et d'horticulture d'Oumane.

*Ecole de fabrication de fromage et de beurre.* Cette école fut fondée en 1771 dans le village Edimonovo, gouvernement de Tver, district de Kortcheva, sous la direction de M. Véréstchaguine et sous la surveillance de la régence provinciale locale. Le nombre des élèves dans cette école est fixé à 30. En même temps il a été inauguré une section de cette école dans le village Koprino, gouvernement de Yaroslaw, district de Rybinsk. Pour l'organisation de cette école et l'entretien d'un spécialiste dans la fabrication du fromage et du beurre, le Ministère des Domaines a assigné une somme annuelle de 15,000 roubles pour une durée de six années.

L'*école de séricicullure dans le Turkestan* fut établie en 1873. En outre on se propose d'organiser dans le Turkestan *une plantation-modèle de coton et un établissement pour son nettoyage,* et dans ce but deux spécialistes ont été envoyés dans les Etats-Unis de l'Amérique du Nord pour étudier cette branche d'industrie.

*Ecoles de vachers et de vachères.* Cette école fut fondée en 1874 à Pétersbourg dans l'établissement de M. Wilkins. Dans cette école sont admis les enfants de 12 à 14 ans et principalement les enfants de paysans, avec la recommandation de propriétaires-éleveurs de bestiaux. La période déterminée pour les études est de 4 à 5 ans.

*Ecole d'apiculture de M. Velicdane.* Cette école fut fondée en 1828 dans le village Paltchiki, gouvernement de Tchernigow, district de Konotop, par M. Prokopovitch, éleveur d'abeilles très-connu en Russie. Le nombre des élèves entretenus dans l'école pour le compte de la Couronne est fixé à 20 et on y admet des personnes de toutes les classes. Cet établissement a pour but de propager parmi les paysans des connaissances exactes sur les soins qu'exigent les abeilles. Le cours des études dure 3 ans.

Outre ces établissements il existe encore à l'école d'agriculture de Gorki:

1° *Des classes spéciales d'arpentage et de taxation* instituées en 1859. Elles ont pour but de former des arpenteurs et des taxateurs, indispensables tant au gouvernement pour la démarcation et la répartition des terres et leur évaluation, que pour les agriculteurs particuliers.

2° *Une école de métiers,* fondée en 1872, pour former des maîtres-artisans dans des métiers nécessaires à l'agriculture.

## Etablissements contribuant à la propagation des connaissances agronomiques.

### Le Musée Agricole du Ministère des Domaines, à Pétersbourg.

Le musée agricole fut inauguré en 1863 dans le but: 1° de servir d'enseignement classique pour l'agriculture, en offrant aux agriculteurs les moyens d'étudier de *visu*, et systématiquement, les objets du domaine de l'agriculture et des sciences naturelles appliquées, dont ils doivent s'occuper dans la pratique, et 2° de donner aux agriculteurs et aux personnes qui s'adonnent à la fabrication des machines, des instruments et des appareils aratoires, la possibilité de s'initier à la connaissance de la construction améliorée de ces machines et de recevoir des modèles. Afin d'atteindre ce but, diverses collections, dans différentes branches de l'agriculture, placées dans les 23 divisions du musée, furent achetées à l'étranger et classées par des spécialistes russes.

Dans le musée sont encore organisés des cours périodiques populaires sur différentes branches de l'agriculture, des explications sont constamment données, et l'on fait fonctionner devant le public les machines et les appareils améliorés. Le musée publie aussi des plans détaillés pour la construction des meilleurs instruments, machines et appareils.

### Les fermes du Ministère des Domaines.

Aux établissements d'enseignement agricole, se trouvant sous la surveillance du Ministère des Domaines, sont organisées cinq fermes avec des administrations indépendantes, dont les différentes branches de culture sont conformées et adaptées, autant qu'il est possible, aux conditions locales du pays dans lequel se trouve telle ou telle ferme. Le but principal de ces fermes se caractérise ainsi: Elles doivent servir d'exemple aux agriculteurs par leur culture régulière, et concourir à la propagation des meilleures espèces de bestiaux, ainsi que des instruments aratoires améliorés et des semences de bonne qualité. Le mode de culture dans les fermes doit correspondre au genre de culture qui prédomine dans la localité. Il est fondé sur des bases commerciales. L'accès de la ferme doit être ouvert à tous ceux qui désirent la visiter et étudier, autant que cela est possible sans dommage pour les intérêts de la ferme.

Le gérant de la ferme est obligé d'admettre les élèves ou les étudiants de l'établissement local d'enseignement à la ferme, pour l'étude des différentes branches de l'agriculture et de la comptabilité, ainsi que de les prendre tour à tour pour différentes charges et emplois à la ferme, telles que les charges de substitut du gérant de la ferme, de vacher, de surveillant des travaux, etc., afin de leur faire connaître de plus près la pratique. Dans ce cas le gérant est obligé de guider ces jeunes gens dans leurs occupations.

Pour la formation première d'un capital de roulement, chaque ferme a reçu une fois pour toutes une somme à part d'une quotité nécessaire aux dépenses pour conduire l'économie de la ferme pendant un an.

La ferme admet des élèves-travailleurs.

Les cinq fermes existantes sont:

La ferme de Pétrovsk à l'académie d'agriculture et de sylviculture de Pétrovsk, près de Moscou.

La ferme de Gorki, à l'école d'agriculture de Gorki, tout près de la ville de Gorki, gouvernement de Mohilew.

La ferme de Kharkow, à l'école d'agriculture du même nom, près de la ville de Kharkow.

La ferme de Kazan, à l'école d'agriculture du même nom, près de la ville de Kazan.

La ferme de Mariinsk, à l'école d'agriculture du même nom, dans le gouvernement de Saratow.

L'école d'agriculture de Moscou a aussi une ferme, qui appartient à la Société d'agriculture de Moscou.

### Jardin Botanique Impérial à St-Pétersbourg.

Cet établissement fut fondé en 1823 dans le but de concourir au développement et à la propagation des connaissances en botanique et d'acclimater les plantes d'autres climats.

Le Jardin Botanique, étant un établissement scientifique, se trouve en rapport direct avec l'Académie impériale des sciences et avec l'université de St-Pétersbourg.

*Le Jardin Impérial de Nikitsky et l'établissement de viticulture de Magaratch attaché au jardin,* situés près de Yalta, sur la côte méridionale de la Crimée, ont pour but l'acclimatation des plantes des pays du midi, l'élève de différentes espèces de vignes et la fabrication des vins. Ces établissements possèdent des spécialistes savants en horticulture et en viticulture, tant dans le but de faire des expériences que d'aider les propriétaires particuliers à organiser des jardins, des vignobles et des établissements d'œnologie. Ces spécialistes, étant invités par les propriétaires, vont chez ces derniers pour donner les consultations et les indications nécessaires.

Dans ces établissements sont encore admis comme praticiens les meilleurs élèves qui ont terminé le cours à l'école d'agriculture et d'horticulture d'Oumane, afin d'achever leur instruction en horticulture et en viticulture.

### Pépinières.

La pépinière pomologique de Voronége, la pépinière d'arbres d'Orel et la pépinière d'arbres fruitiers de Gorki ont pour but de concourir à la propagation de l'horticulture et surtout à l'élève et à la propagation d'arbres et de buissons fruitiers, au moyen de ventes à bon marché, d'échanges et de donations gratuites.

# XVI.

## ADMINISTRATION DE L'AGRICULTURE.

Département de l'agriculture et de l'industrie rurale. — Organes locaux de l'administration agricole. — Directions régionales du Ministère des Domaines — Institutions provinciales. — Sociétés d'agriculture et comices agricoles.

---

Le soin de veiller au développement de l'industrie agricole en Russie est à la charge du Département de l'agriculture et de l'industrie rurale du Ministère des Domaines de l'Etat, qui se pose ainsi en représentant supérieur des intérêts de cette branche de l'économie nationale en Russie. L'industrie agricole, basée qu'elle est sur l'activité et l'initiative individuelle, ne saurait présenter un objet d'administration dans le sens direct du mot. Il s'ensuit que la tâche assignée au Département est réduite: 1° à rechercher les mesures propres à écarter toutes les causes qui pourraient enrayer le développement naturel et le progrès de l'économie rurale; 2° à prêter son concours à l'initiative privée, par le moyen de subventions pécuniaires, et à provoquer l'activité publique en la dirigeant vers des buts d'utilité générale; 3° à attirer l'attention des cultivateurs sur tels objets ou procédés, dont la propagation ou l'amélioration, appropriées aux conditions de temps et lieu, pourraient offrir un avantage quelconque; 4° à fournir les moyens d'un enseignement spécial aux personnes qui se vouent à la carrière agronomique, etc. — En poursuivant ces buts, le département s'est surtout préoccupé d'élucider les conditions dans lesquelles se trouve placée à une époque donnée, telle ou telle branche de l'industrie agricole, afin de les faire servir de point de départ pour les mesures les plus propres à leur soutien et leur développement. Les moyens dont le département se sert à cet effet, outre les renseignements recueillis par voie administrative, sont: 1° La création en

1863 de trois charges d'inspecteurs de l'agriculture, dont les fonctions consistent à s'enquérir personnellement, sur les lieux et tous les ans, de l'état de l'économie rurale dans les différentes parties de l'Empire, et de rechercher les moyens de satisfaire à ses besoins. 2° L'envoi périodique d'expéditions spéciales chargées d'étudier, soit toutes les branches de l'industrie agricole dans une région donnée, soit une branche séparée dans tout l'Empire. 3° La publication des données statistiques sur l'agriculture et les autres branches de l'industrie rurale, l'organisation de concours agricoles, soit locaux, soit communs à tout l'Empire, tant spéciaux que généraux pour tous les objets du ressort de l'industrie agricole. Et 4° la coopération prêtée aux Sociétés d'agriculture privées. De toutes les mesures destinées à faire progresser la science agricole, la plus efficace est sans contredit, la diffusion des connaissances agronomiques parmi les populations rurales.

Ce besoin est servi par des établissements d'enseignement régis par le Département de l'agriculture et le musée agronomique dont il a été fait mention dans le précédent chapitre. De plus, le Département publie dans le même but des ouvrages utiles et des instructions ayant trait aux différentes branches de l'industrie rurale, ainsi que des éditions périodiques, savoir: La *Gazette agricole* et un recueil mensuel intitulé: «*L'industrie rurale et la sylviculture*».

Cependant le progrès de l'industrie agricole ne tient pas seulement à la vulgarisation et à la propagation des connaissances scientifiques et pratiques; il est intimement lié, en premier lieu, à la qualité du sol cultivé, c'est-à-dire, en d'autres termes, à la quantité d'éléments productifs contenus dans le sol; en second lieu, aux modes de culture des terres; en troisième lieu, à la plus ou moins grande quantité d'humidité du sol, et enfin aux qualités et à la nature des différentes plantes dont la culture est pratiquée dans l'économie agricole. Conformément à toutes ces conditions, le Département se préoccupe surtout: 1° de l'amélioration du sol moyennant la propagation de différentes matières d'engrais, de même que du perfectionnement et du développement de l'élève des bestiaux qui, tout en servant d'auxiliaire à l'agriculture, n'en constitue pas moins une branche indépendante de l'économie, à laquelle elle fournit des matières par les produits laitiers, comme beurre, fromage, etc. 2° de la propagation dans les économies d'instruments aratoires perfectionnés, et de machines agricoles; 3° de la propagation de semences et de plantes modèles, et 4° du dessèchement et de l'irrigation des terrains. Au nombre des travaux de cette dernière catégorie, il est impossible de passer sous silence ceux entrepris récemment pour le dessèchement d'une énorme étendue de terrains marécageux, occupant près de 10 millions de déciatines dans les gouvernements de Pétersbourg, de Novgorod, de Pskow, de Minsk, de Grodno et de Vilna, ainsi que le forage d'un puits artésien en Crimée.

Indépendamment de tous ces objets relevant du Département de l'industrie rurale, ses travaux portent encore sur: la praticulture, l'élève du bétail (gros bétail et brebis), l'horticulture, la culture potagère, celle du tabac, la viticulture, la sériciculture, la culture des plantes textiles, l'apiculture, la pisciculture, la destruction d'animaux et d'insectes nuisibles pour l'économie agricole, et enfin l'exploitation des tourbières. C'est encore au même Département qu'incombe le droit d'accorder des brevets d'inventions agronomiques et de décerner des primes pour les services rendus à l'économie rurale.

Les organes locaux dont le Département se sert pour l'administration provinciale sont les directions des domaines de l'Etat, établies dans chaque gouvernement.

Le chiffre en est de 44, sauf les gouvernements de la Pologne, où ces directions se trouvent réunies aux chambres des finances, organes du Ministère des Finances.

Il faut noter cependant, que les directions des domaines de l'Etat n'ont pas le droit de faire des dispositions relatives aux besoins de l'agriculture et de l'industrie rurale, de leur propre autorité; elles ne servent que d'intermédiaire entre le Ministère des Domaines de l'Etat et les populations locales, portant à la connaissance du Ministère les besoins et les intérêts de l'industrie rurale dans les régions respectives, et exécutant les ordonnances que le ministère publie à cet effet.

La gestion immédiate des intérêts agricoles dans les provinces asiatiques de la Russie est confiée: *a*) dans le Caucase — à la direction des domaines de l'Etat, relevant de l'administration centrale du vice-roi du Caucase; *b*) dans la Sibérie Orientale et la Sibérie Occidentale — aux conseils d'administration de ces provinces, attachés aux gouverneurs-généraux de la Sibérie Orientale et Occidentale. Et finalement, dans les provinces nouvellement conquises du Turkestan, le soin de veiller aux intérêts de l'industrie rurale incombe à l'administration du gouverneur-général de cette région.

Toutes ces directions gèrent l'agriculture et l'industrie rurale dans les provinces asiatiques de la Russie à l'aide de mesures prises de leur propre autorité, à l'exclusion des questions dont la solution exige soit la promulgation de quelque nouvelle loi, soit l'assignation de quelque crédit extraordinaire, soit enfin la création de quelque institution nouvelle.

Indépendamment de toutes ces *institutions régies par l'Etat,* et destinées à veiller au progrès de l'industrie agricole, il existe encore en Russie, à l'exclusion des gouvernements de l'ouest, les *institutions provinciales*, rentrant dans la juridiction du *Zemstvo* (délégations) et créées en 1864. Ces délégués sont élus dans chaque gouvernement dans toutes les classes de la population, et leurs charges relativement à l'agriculture et à l'industrie rurale sont les suivantes: ils sont tenus, 1° de favoriser le développement du commerce et de l'industrie locale; 2° de prendre des mesures préventives contre les épizooties, et contre la destruction des semailles par les animaux et les insectes nuisibles; 3° d'organiser des expositions rurales; et 4° de gérer toutes les affaires relatives aux besoins et aux intérêts de l'économie agricole locale, de communiquer aux autorités supérieures les renseignements et les résumés portant sur ces sujets, et de solliciter des règlements favorables à leur progrès.

Les institutions provinciales se divisent en celles de gouvernement. et celles de district. Ces dernières sont les suivantes: *a)* L'assemblée provinciale de district, composée de délégués élus par les propriétaires fonciers du district et les communes municipales et rurales; *b)* la régence provinciale de district (*ouprava*), composée de 3 à 6 personnes, choisies par l'assemblée provinciale parmi ses membres.

Les institutions provinciales de gouvernement sont: 1° l'assemblée provinciale de gouvernement, composée de délégués élus pour trois ans par les assemblées provinciales de district; et 2° la régence de gouvernement, composée d'un président et de six membres, que l'assemblée provinciale de gouvernement nomme parmi ses membres. Ces institutions provinciales gèrent toutes les affaires d'économie rurale relatives soit à tout le gouvernement, soit à quelques districts; quant aux institutions de district, leur juridiction ne s'étend que sur les affaires touchant leurs districts respectifs. Les assemblées des deux catégories ont lieu une fois par an; mais, le cas échéant, elle peuvent être convoquées en séance extraordinaire. Les régences provinciales (*ouprava*) siègent pendant toute l'année, et c'est à elles qu'incombe la tâche d'exécuter toutes les dispositions décrétées par les assemblées provinciales de gouvernement et de district.

Les intérêts de l'économie rurale en Russie trouvent encore des représentants particuliers dans: 1° les différentes Sociétés d'économie et d'industrie rurale; et 2° les comices agricoles. Au nombre de ces sociétés il y en a de spéciales, qui s'occupent de branches séparées de l'économie rurale; ainsi par exemple deux sociétés ayant pour but l'amélioration des races bovine et ovine en Russie; quatre sociétés d'horticulture, outre la Société d'acclimatation d'animaux et de plantes à Moscou.

Les comices agricoles se rassemblent périodiquement dans différentes localités de l'Empire. Quelques-uns de ces comices présentent une importance non pas seulement locale, et offrent un intérêt général comme réunissant les cultivateurs-propriétaires et les hommes compétents de tous les points de la Russie, dans le but d'élucider telles questions, relatives à l'économie rurale, qui ont une portée générale pour tout l'Empire.

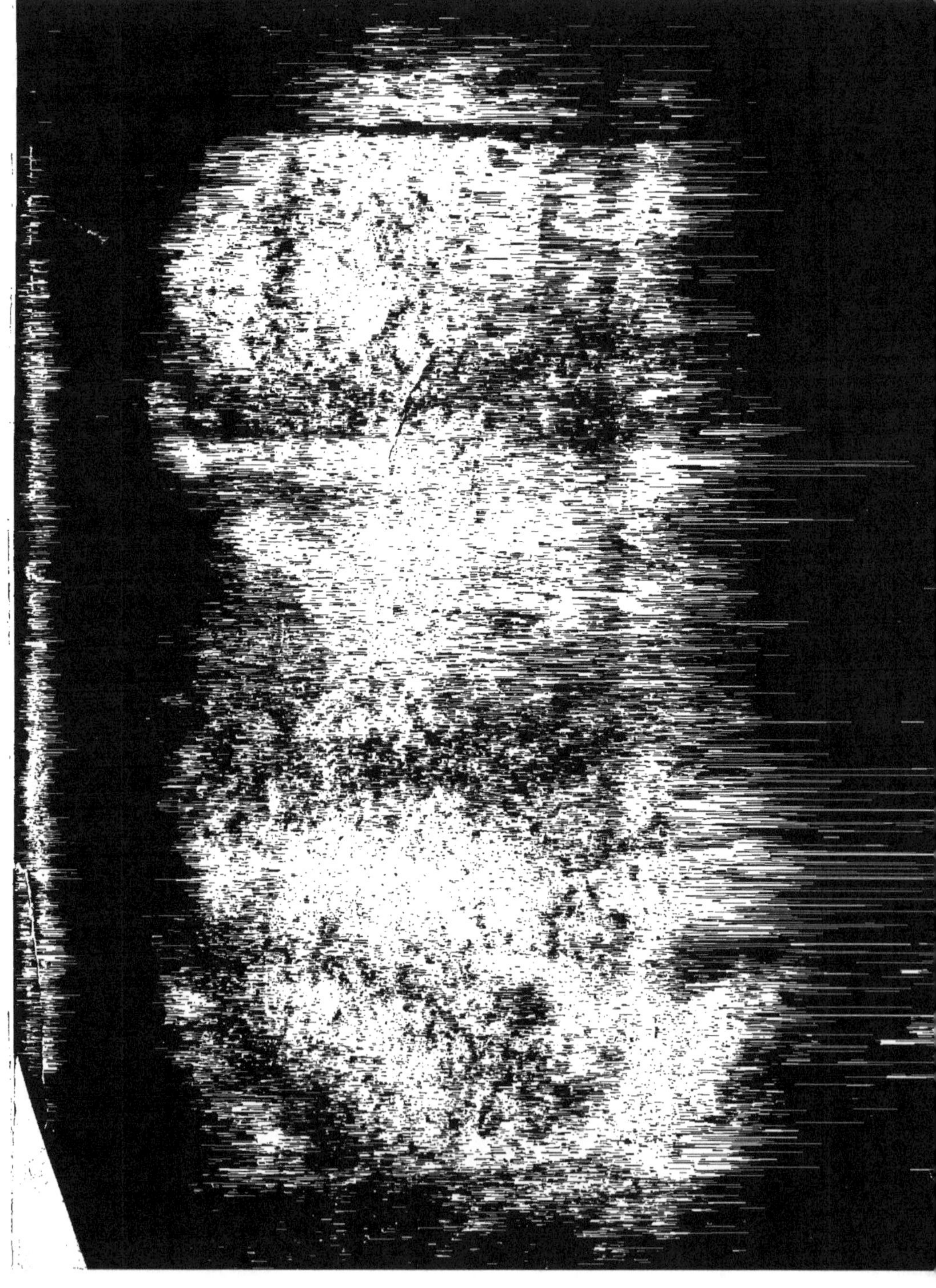